Einstein

David Bodanis

Einstein

Biografia de um gênio imperfeito

Tradução:
Maria Luiza X. de A. Borges

Revisão técnica:
Marco Moriconi
professor do Instituto de Física/UFF

4ª reimpressão

Para meu filho, Sam

Tradução autorizada da primeira edição americana, publicada em 2016
por Houghton Mifflin Harcourt, de Nova York, Estados Unidos

Grafia atualizada segundo o Acordo Ortográfico da Língua Portuguesa de 1990, que entrou em vigor no Brasil em 2009.

Título original
Einstein's Greatest Mistake: A Biography

Capa
Estúdio Insólito

Imagem da capa
© Popperfoto/Getty Images

Preparação
Diogo Henriques

Revisão
Mônica Surrage
Carolina M. Leocadio

Excertos de *The Collected Papers of Albert Einstein, vol.1, The Early Years, 1879-1902* reproduzidos com permissão de Princeton University Press

CIP-Brasil. Catalogação na publicação
Sindicato Nacional dos Editores de Livros, RJ

B65e Bodanis, David
Einstein: biografia de um gênio imperfeito / David Bodanis; tradução Maria Luiza X. de A. Borges; revisão técnica Marco Moriconi. – 1ª ed. – Rio de Janeiro: Zahar, 2017.
il.

Tradução de: Einstein's Greatest Mistake: A Biography.
Apêndice
Inclui bibliografia e índice
ISBN: 978-85-378-1665-3

1. Einstein, Albert, 1879-1955. 2. Físicos – Alemanha – Biografia. I. Borges, Maria Luiza X. de A. II. Moriconi, Marco. III. Título.

17-39585 CDD: 925.3
CDU: 929:53

EDITORA SCHWARCZ S.A.
Praça Floriano, 19, sala 3001 – Cinelândia
20031-050 – Rio de Janeiro – RJ
Telefone: (21) 3993-7510
www.companhiadasletras.com.br
www.blogdacompanhia.com.br
facebook.com/editorazahar
instagram.com/editorazahar
twitter.com/editorazahar

Sumário

Einstein a caminho de casa em Princeton, 1953

Prólogo

PRINCETON, 1953. Os turistas geralmente ficavam na calçada oposta à da casa branca revestida de ripas na rua Mercer. Mas era difícil controlar seu alvoroço depois que avistavam o ancião andando devagar de volta do campus da universidade, muitas vezes usando um longo sobretudo de pano e – se o vento de Nova Jersey estivesse especialmente cortante – um gorro escuro sobre os famosos cabelos rebeldes.

Os turistas mais afoitos às vezes atravessavam a rua para dizer quanto o admiravam ou para pedir um autógrafo. A maioria ficava envergonhada ou assombrada demais para falar, e mantinha uma distância respeitosa. Pois esse ancião era Albert Einstein, o maior gênio de todos os tempos, a apenas alguns metros deles – seu rosto sábio, enrugado, sugerindo que acabara de ter lampejos mais profundos que os possíveis a outros seres humanos.

Einstein era o cientista vivo mais famoso do mundo, mas apesar da celebridade em geral andava sozinho, ou por vezes com um velho amigo. Embora fosse festejado em público, e convidado com frequência para jantares formais e até estreias de filmes – astros de Hollywood ficavam especialmente empolgados para ser fotografados a seu lado –, cientistas em atividade pouco tinham a ver com ele, e fazia muitos anos que isso ocorria.

Não era por conta da idade que o tratavam dessa maneira. O grande físico dinamarquês Niels Bohr tinha 68 anos contra os 74 de Einstein, mas permanecia tão aberto a novas ideias que nada parecia melhor a alunos de doutorado inteligentes do que passar algum tempo com ele em seu instituto intelectualmente brilhante em Copenhague. Einstein, porém, estava isolado das grandes pesquisas havia décadas. Ouviam-se aplausos polidos, é claro, nas raras ocasiões em que ele dava um seminário no Instituto de Estudos Avançados, em seu inóspito terreno na borda do campus de Princeton, mas era o aplauso que se poderia dar a um soldado idoso que estivesse sendo introduzido num palco numa cadeira de rodas. Os pares de Einstein o encaravam como um cientista acabado. Muitos de seus amigos mais próximos, inclusive, não levavam mais suas ideias a sério.

Einstein podia perceber seu isolamento. Em outros tempos, sua casa estaria cheia de colegas, de energia jovem, do burburinho de conversas. Mas, agora, tornara-se silenciosa. Sua segunda mulher, a sempre rechonchuda e conversadeira Elsa, falecera muitos anos antes, assim como sua querida irmã caçula, Maja.

A morte da irmã o entristeceu especialmente. Maja e Albert tinham sido companheiros constantes durante a infância, nos idos dos anos 1880, implicando um com o outro e construindo castelos de cartas.[1] Se um castelo particularmente complexo desabava numa lufada, recordou ela, Albert começava obstinadamente a reconstruí-lo. "Talvez eu não seja mais competente do que outros cientistas", ele gostava de dizer, "mas tenho a persistência de uma mula."[2]

Einstein conservara a obstinação juvenil, mas sua saúde não era a mesma de antes. Seu aposento principal, onde guardava livros, artigos e anotações, ficava no andar superior de sua casa em Princeton, ao lado do antigo quarto de Maja. Na idade em que estava, só conseguia subir a escada lentamente, parando para respirar. Mas talvez isso não tivesse importância. Quando se instalava em seu escritório, tinha todo o tempo do mundo.

Ele era a mente mais brilhante da era moderna. Como terminara tão sozinho?

Berlim em tempo de guerra, 1915. Einstein acabara de criar uma equação magnífica – não sua famosa $E=mc^2$, que viera dez anos antes, em 1905, mas algo ainda mais poderoso: a equação que está no centro da chamada relatividade geral. Trata-se de uma das mais esplêndidas façanhas de todos os tempos, tão magnífica quanto as obras de Bach ou Shakespeare. A equação de 1915 tinha apenas dois termos centrais, no entanto iria revelar características jamais imaginadas do espaço e tempo, explicando por que existem buracos negros, mostrando como o universo começou e como provavelmente acabará, e até lançando o fundamento para tecnologias revolucionárias como a navegação por GPS. Ele estava deslumbrado pelo que havia descoberto. "Meus sonhos mais audaciosos se realizaram",[3] escreveu naquele ano para seu melhor amigo.

Mas tais sonhos logo foram interrompidos. Dois anos mais tarde, em 1917, ele percebeu que evidências astronômicas sobre a forma do universo pareciam contradizer sua teoria da relatividade geral. Incapaz de explicar a discrepância, alterou obedientemente sua nova equação, inserindo um termo adicional que destruía a simplicidade dela.

Na verdade, a transigência foi apenas temporária. Alguns anos depois, novas evidências provaram que sua ideia original e bela estava correta, e ele restabeleceu a equação inicial. Chamou sua modificação temporária de "a maior tolice de minha vida",[4] pois ela tinha destruído a beleza de sua equação simples e original de 1915. Contudo, embora essa modificação tivesse sido o primeiro grande erro de Einstein, seu maior erro ainda estava por vir.

Einstein percebeu que estivera errado ao seguir evidências experimentais tão incorretas – que deveria ter simplesmente mantido a calma até que os astrônomos percebessem que tinham se enganado. Mas daí extraiu a conclusão adicional de que, nos assuntos mais importantes, jamais deveria voltar a seguir evidências experimentais. Quando seus críticos tentaram apresentar evidências contra suas crenças posteriores, ele os ignorou, confiante de que a justiça lhe seria feita novamente.

Foi uma reação muito humana, mas teve implicações catastróficas. Ela solapou cada vez mais tudo que ele tentou em seguida, em especial no florescente estudo do ultrapequeno, da mecânica quântica. Amigos como Niels Bohr lhe suplicavam que fosse sensato. Eles sabiam que o intelecto excepcional de Einstein ainda poderia voltar a transformar o mundo, contanto que ele se permitisse aceitar as novas descobertas – válidas – que uma recente geração de físicos experimentais estava revelando. Mas Einstein não podia fazer isso.

Ele teve alguns momentos privados de dúvida, mas os reprimiu. Em sua teoria de 1915, tinha revelado a estrutura subjacente de nosso universo e estivera certo quando todos os outros estavam errados. Não se deixaria enganar outra vez.

Foi essa convicção que o isolou do empolgante trabalho da nova geração em mecânica quântica e destruiu sua reputação entre cientistas sérios: foi isso que o deixou tão sozinho em seu escritório da rua Mercer.

Como isso aconteceu – como o gênio chega a seu clímax e como declina; como lidamos com o fracasso e com o envelhecimento; como perdemos o hábito da confiança e se podemos recuperá-lo – são os tópicos deste livro. Assim como as próprias ideias de Einstein – certas e erradas – e os passos pelos quais ele chegou a elas. Nesse sentido, esta é uma biografia dupla: é a história de um gênio falível, mas também a de seus erros – como surgiram, cresceram e se fixaram tão profundamente que mesmo um homem tão sábio quanto Einstein foi incapaz de se libertar deles.

Gênio e arrogância, triunfo e fracasso, podem ser inextricáveis. A equação de 1915 de Einstein, e a teoria que ela sustentava, foi talvez o maior feito de sua vida, mas também plantou as sementes de seu mais assombroso fracasso. E para compreender o que ele de fato realizou em 1915, e como se enganou, é necessário recuar ainda mais no tempo – até seus primeiros anos, e os mistérios que já o intrigavam mesmo então.

PARTE I

Origens do gênio

Einstein na universidade, c. 1900

1. Infância vitoriana

Dois grandes conceitos dominavam a ciência europeia em 1879, o ano do nascimento de Einstein, e eles forneceriam o contexto de grande parte de seus melhores trabalhos. O primeiro era o reconhecimento de que as forças que faziam a maior civilização industrial do mundo funcionar – a queima de carvão em enormes trens a vapor; a explosão de pólvora nas torres de tiro dos navios de guerra que mantinham povos subjugados sob controle; até os débeis pulsos de eletricidade nos cabos submarinos que transmitiam mensagens telegráficas por todo o mundo – não passavam todas de diferentes manifestações de uma única entidade fundamental chamada energia. Essa foi uma das ideias científicas centrais da era vitoriana.

Cientistas do final do período vitoriano sabiam que a energia se comporta de acordo com certos princípios imutáveis. Mineiros podiam arrancar carvão do solo, e técnicos podiam introduzir gases resultantes da cozedura desse carvão em tubos pressurizados que forneciam energia aos postes de luz. Mas, se alguma coisa desse errado e o gás explodisse, a energia da explosão resultante – a energia dos cacos de vidro que voariam, mais a energia acústica do ar que se moveria com o estrondo, e até qualquer energia potencial em fragmentos errantes de metal de um poste de luz arremessados sobre telhados próximos – seria exatamente igual à energia inerente ao próprio gás. E, se um fragmento de metal de um poste de luz caísse depois na calçada, o som e a energia de sua batida no chão, mais a energia das lufadas durante sua queda, seriam exatamente iguais à energia que o teria levantado em primeiro lugar.

A compreensão de que a energia não pode ser criada ou destruída, somente transformada, parecia simples, mas tinha implicações extraordinárias. Quando, por exemplo, um dos criados da rainha Vitória abria a porta de sua carruagem recém-chegada ao palácio de Buckingham, no centro de Londres, a energia que estivera em seu ombro começava a abandoná-lo... enquanto exatamente a mesma quantidade de energia aparecia no movimento de balanço da ornamentada porta da carruagem e na temperatura ligeiramente aumentada da dobradiça em que ela girava, que rangeria com a fricção. Quando a monarca pisasse no chão, a energia cinética que havia existido em sua forma descendente seria transferida para a terra sob seus pés, deixando-a estacionária, mas fazendo nosso planeta tremer em sua órbita em torno do Sol.

Todos os tipos de energia estão conectados; todos os tipos de energia estão cuidadosamente equilibrados. Essa simples verdade tornou-se conhecida como a lei da conservação da energia e era amplamente aceita em meados do século XIX. A confiança vitoriana na religião fora abalada quando Charles Darwin mostrou que não havia necessidade de um Deus tradicional para criar as espécies vivas em nosso planeta. Mas essa visão de uma energia total imutável era uma alternativa consoladora. A maneira como a energia era tão magicamente equilibrada parecia ser a prova de que uma mão divina havia tocado nosso mundo e ainda estava ativa entre nós.

Quando a conservação da energia foi compreendida, os cientistas da Europa estavam familiarizados com a segunda grande ideia que dominou a física do século XIX: também a matéria nunca desaparece inteiramente. No Grande Incêndio de Londres ocorrido em 1666, por exemplo, a maior cidade da Europa tinha sido atacada por chamas que explodiram a partir do alcatrão e da madeira na padaria onde ele começou, rugindo de um telhado de madeira para outro, despejando vastos volumes de fumaça causticante, transformando casas, escritórios, estábulos e até ratos transmissores de peste em cinza quente.

Ninguém no século XVII poderia ter visto isso como algo mais que caos desenfreado, mas, por volta de 1800, um século antes de Einstein, os cientistas compreendiam que, se alguém tivesse sido capaz de pesar absolutamente tudo em Londres antes que as chamas começassem – todas as tábuas dos assoalhos de madeira em todas as casas; todos os tijolos e móveis; todos os barriletes de cerveja e até os ratos em disparada – e depois, com um esforço ainda maior, de medir toda a fumaça e cinza e tijolo esmigalhado produzidos pelo incêndio, descobriria que o peso desses dois conjuntos de coisas seria, precisamente, o mesmo.

Esse princípio tornou-se conhecido como a conservação da matéria e vinha se tornando cada vez mais claro a partir do final do século XVIII. Diferentes termos foram usados para essa ideia em diferentes momentos, mas o ponto essencial foi sempre o mesmo: queime madeira numa lareira, e você terminará com cinzas e fumaça. Mas se você de alguma maneira fosse capaz de pôr um enorme saco impermeável sobre a chaminé e quaisquer janelas que produzissem corrente de ar, e depois pudesse medir toda a fumaça capturada mais toda a cinza – e levasse em conta o oxigênio extraído do ar durante a queima –, descobriria que o peso total era mais uma vez exatamente igual ao peso da lenha. A matéria pode mudar de forma, transformando-se de madeira em cinza, mas em nosso universo ela jamais desaparecerá.

Essas duas ideias – a conservação da matéria e a conservação da energia – seriam centrais para a educação e as façanhas espetaculares do jovem Einstein.

QUANDO EINSTEIN NASCEU, em 1879, na cidade alemã de Ulm, a cerca de 120 quilômetros de Munique, apenas algumas gerações separavam sua família da vida do gueto judaico medieval. Para muitos cristãos alemães do século XIX, os judeus em seu meio eram intrusos esquisitos, possivelmente subumanos. Para os judeus, no entanto, que eram praticamente todos ortodoxos, o mundo fora de sua comunidade é que era ameaçador e perturbador, e nunca o fora mais do que quando o próprio cristianismo começou a enfraquecer, pois isso baixou as fronteiras entre as duas religiões. Isso permitiu que ideias iluministas do século XVIII – ideias sobre livre investigação e ciência, e a crença de que a sabedoria poderia provir do estudo do universo exterior – começassem a penetrar, a princípio furtivamente, depois de maneira cada vez mais rápida, na comunidade judaica.

Na época da geração dos pais de Einstein, essas ideias parecem ter sido benéficas para os judeus da Alemanha. Seu pai, Hermann, e seu tio Jakob eram em boa medida engenheiros elétricos autodidatas, trabalhando com a mais recente tecnologia da época, criando motores e sistemas de iluminação. Quando Albert era bebê, em 1880, Hermann e Jakob mudaram-se para Munique a fim de fundar uma empresa com o nome do tio – Jakob Einstein & Co. –, na esperança de atender às crescentes necessidades elétricas da cidade. O tio de Einstein era o sócio mais prático. Hermann, o pai, era do tipo sonhador, um sujeito que gostava de matemática mas tivera de abandonar a escola na adolescência para ajudar no sustento de casa.

Eles eram uma família afetuosa, e à medida que Albert crescia seus pais cuidavam dele com muito zelo. Com cerca de quatro anos, o menino obteve permissão para andar sozinho pelas ruas de Munique – ou isso é o que seus pais o deixavam pensar. Pelo menos uma vez, um deles – provavelmente a mãe, Pauline – o seguiu, ficando bem fora da vista, mas de olho na maneira como o pequeno Albert atravessava as ruas cheias de cavalos para ter certeza de que estava seguro.

Quando Albert alcançou idade suficiente para compreender, seu pai, o tio e os hóspedes regulares da família lhe explicaram como os motores funcionavam, como as lâmpadas funcionavam – e como o universo se dividia numa parte de energia e numa parte de matéria. Albert absorvia essas ideias, assim como assimilava a concepção de sua família de que o judaísmo era uma herança da qual se devia sentir orgulho, ainda que lhes parecesse que grande parte da Bíblia e dos costumes da sinagoga fossem pouco mais que superstição. Afora isso, eles acreditavam, o mundo moderno os aceitaria como bons cidadãos.

Na adolescência, contudo, Einstein reconheceu que Munique era um lugar inóspito, por mais que sua família tivesse tentado se misturar. Quando ele tinha seis anos, a firma de seu pai obteve um contrato para a instalação da primeira iluminação elétrica da Oktoberfest da cidade. Mas, com o passar dos anos, contratos para os novos sistemas de iluminação e geradores da cidade iam cada vez mais para firmas não judaicas, ainda que seus produtos fossem inferiores aos dos irmãos Einstein. Havia rumores de que as perspectivas de negócios eram melhores na próspera Pavia, no norte da Itália, perto de Milão. Em 1894, seus pais e sua irmã, Maja, mudaram-se para lá, junto com o tio, a fim de tentar restabelecer a empresa. Albert, com quinze anos, ficou para trás, hospedando-se com outra família para terminar a escola.

Não foi uma época feliz. A bondade da família Einstein estava em nítido contraste com a severidade das escolas que Albert frequentou. "Os professores ... me pareciam mais sargentos instrutores",[1] lembrou Einstein décadas mais tarde. Eles insistiam em aprendizado de memória, visando a produzir estudantes aterrorizados, obedientes. Num episódio famoso, quando Einstein tinha cerca de quinze anos e estava cada vez mais farto das aulas, seu professor de grego, o dr. Degenhart, havia gritado: "Einstein, você nunca chegará a lugar nenhum!" – comentário que mais tarde levou sua irmã, sempre leal e que lembrou a anedota, a gracejar: "E, de fato, Albert Einstein nunca conseguiu um cargo de professor de gramática grega."[2]

Einstein deixou a escola aos dezesseis anos. Se tivesse sido expulso, poderia ter-se considerado fracassado; mas ele saiu por escolha própria, e na verdade sentiu-se orgulhoso, vendo sua decisão como um ato de rebeldia. Viajou sozinho para se juntar à família na Itália, trabalhou por algum tempo na fábrica do pai e do tio e depois tranquilizou seus preocupados progenitores dizendo-lhes que descobrira uma universidade de língua alemã que não exigia diploma de curso secundário, nem idade mínima. Tratava-se da Politécnica Suíça em Zurique, e ele se candidatou imediatamente. Embora suas notas em matemática e física fossem excelentes – aquelas conversas em família não haviam sido desperdiçadas –, ele deveria ter prestado mais atenção em Degenhart, pois lembrou-se mais tarde de que não tinha feito nenhuma tentativa de se preparar, e suas notas em francês e química o derrubaram. A Politécnica Suíça o recusou.

Seus pais não ficaram exatamente surpresos. "Acostumei-me há muito tempo", escreveu Hermann, "a receber notas não tão boas junto com outras muito boas."[3] Einstein admitiu que havia sido um erro candidatar-se tão cedo. Encontrou uma família com quem se hospedar nos vales do norte da Suíça perto de Zurique durante o ano seguinte, enquanto tomava aulas de reforço a fim de se preparar para uma segunda tentativa.

Os anfitriões de Einstein na Suíça, a família Winteler, consideravam natural que o rapaz se sentasse com eles à mesa e participasse de leituras em voz alta ou discussões. Eles compartilhavam serões musicais – Einstein era um violinista talentoso, qualificado como excelente por assistentes da escola na Alemanha – e, o que era melhor ainda, havia uma filha, Marie, apenas um pouco mais velha do que ele. Einstein parece ter considerado uma prova de afeição sugerir que Marie lavasse suas roupas para ele, como sua mãe sempre fizera. Mas logo aprendeu métodos mais sofisticados de fazer a corte, e assim começou seu primeiro romance. Esse relacionamento provocou o primeiro acesso de intromissão de sua mãe. Quando ele estava em casa com a família durante as férias e escreveu para Marie, "Minha querida namorada ... você significa mais para a minha alma do que o mundo todo significava antes",[4] sua mãe escreveu a tinta no envelope a afirmação nada convincente de que não havia lido o seu conteúdo.

EINSTEIN CONSEGUIU ENTRAR na Politécnica em sua tentativa seguinte, em 1896, aos dezessete anos, ingressando num curso destinado à formação de futuros professores secundários. Ele tinha apenas a instrução suficiente para acompanhar as aulas, mas o bastante de uma atitude cautelosa com base em sua vida já bem viajada para julgá-las criticamente. Era a experiência perfeita para fazê-lo adotar uma visão independente daquilo que os seus professores ofereciam.

Embora a Politécnica de Zurique fosse em geral excelente, alguns professores estavam desatualizados, e Einstein conseguia irritá-los. O professor Heinrich Weber, por exemplo, que ensinava física, havia sido útil para Einstein no início, mas revelara não ter nenhum interesse por teoria contemporânea e se recusava a incorporar o trabalho inovador do escocês James Clerk Maxwell sobre as conexões entre os campos elétrico e magnético em suas aulas de física. Isso aborrecia Einstein, que reconhecia como o trabalho de Maxwell podia ser importante. Weber, como muitos físicos dos anos 1890, não achava que houvesse nada de fundamentalmente novo para aprender e acreditava que seu trabalho era simplesmente preencher detalhes que restavam. Todo o trabalho principal de compreender as leis do universo estava completo, pensava-se, e embora futuras gerações de físicos pudessem vir a precisar aperfeiçoar seus equipamentos de medição, de modo a descrever de maneira mais precisa os princípios conhecidos, não restavam quaisquer descobertas importantes a serem feitas.

Weber era também imensamente pedante, e chegou a fazer Einstein escrever todo um relatório de pesquisa pela segunda vez, sob a alegação de que a primeira apresentação não fora escrita no papel de tamanho correto. Einstein zombava do professor chamando-o enfaticamente de *Herr* Weber, em vez de *Professor* Weber, e alimentou durante anos um ressentimento contra ele por causa de sua maneira de ensinar. "É simplesmente um milagre que [nossos] métodos modernos de instrução ainda não tenham suprimido inteiramente a sagrada curiosidade pela investigação",[5] escreveu ele sobre sua formação universitária meio século mais tarde.

Como fazia pouco sentido frequentar as aulas de Weber, Einstein passava muito tempo se familiarizando com os cafés e bares de Zurique, bebericando café gelado, fumando seu cachimbo, lendo e conversando enquanto as horas passavam. Também encontrava tempo para estudar, por conta própria, obras de Von Helmholtz, Boltzmann e outros mestres da física do momento. Mas sua leitura era assistemática, e, quando os exames anuais chegaram, ele se deu conta de que precisaria de ajuda para se pôr em dia com o plano de curso de Herr Weber.

O que realmente precisava era de um colega a quem pudesse recorrer. Seu melhor amigo era Michele Angelo Besso, um judeu italiano alguns anos mais velho que se formara recentemente na Politécnica. Besso era amistoso e culto – ele e Einstein tinham se conhecido num serão musical em que ambos tocavam violino –, mas havia sido desatento durante as aulas quase tanto quanto Einstein. Isso significava que este precisava encontrar outra pessoa que pudesse lhe emprestar anotações se quisesse ter alguma chance de passar, em especial porque um de seus relatórios acadêmicos na Politécnica continha a ameaçadora observação a tinta: "Reprimenda do diretor por falta de diligência em estudo prático de física."[6]

Michele Besso, o melhor amigo de Einstein, 1898.
"Einstein a águia levou Besso o pardal sob sua asa",
disse Besso certa vez ao descrever a parceria intelectual
dos dois, "e o pardal voou um pouco mais alto."[7]

Felizmente, outro dos conhecidos de Einstein, Marcel Grossmann, era exatamente o tipo de sujeito que todo estudante de graduação indisciplinado sonha em ter como amigo. Como Einstein e Besso, Grossmann era judeu e também só chegara recentemente ao país. A Suíça tinha uma política semioficial de antissemitismo em suas universidades, que encaminhavam judeus e outros outsiders para departamentos então considerados de status inferior, como física teórica, em vez de campos como engenharia ou física aplicada, em que os salários tendiam a ser mais altos. (Isso não foi muito ruim para Einstein, pois apenas por meio da física teórica lhe foi possível compreender conceitos como energia e matéria, que tanto o intrigavam.) Saber que estavam sendo tratados da mesma maneira preconceituosa provavelmente ajudou Einstein e Grossmann a se ligarem.

Quando os exames finais chegaram, as anotações de aula de Grossmann – com todos os diagramas cuidadosamente desenhados – fizeram maravilhas para Einstein ("Prefiro não especular como eu poderia ter me saído sem eles",[8] escreveu para a mulher de Grossmann muito mais tarde), permitindo-lhe passar em geometria, por exemplo, com respeitáveis 4,25 em 6. Sua nota não foi tão boa quanto a de Grossmann, é claro, que, como todos esperavam, foi um perfeito 6. Mas nenhum de seus amigos se surpreendeu, porque ele tinha mais uma distração.

Além de Besso e Grossmann, Einstein estava passando tempo com outro estudante, alguém ainda mais outsider do que ele: uma sérvia cristã ortodoxa, e a única mulher no curso. Mileva Marić reunia grande inteligência e aparência enigmaticamente sensual, e mais de um aluno da Politécnica estava interessado por ela. Alguns anos mais velha do que os outros estudantes, Mileva era exímia musicista e pintora, excelente em línguas e tinha estudado medicina antes de se transferir para física. Einstein rompera havia muito tempo com Marie Winteler, de seus dias de alojamento temporário, e estava pronto para seguir adiante.

Einstein era surpreendentemente bonito quando jovem, com cabelo preto anelado e um sorriso confiante, fácil. Seu estreito relacionamento

Grossmann e Einstein, vários anos após a universidade, início dos anos 1910

Mileva Marić, fim dos anos 1890. Em 1900, Einstein escreveu para ela: "Seremos as pessoas mais felizes da Terra juntos, com certeza"

com a irmã, Maja, lhe dera uma desenvoltura com mulheres que trabalhou a seu favor quando ele começou a cortejar Marić. Durante os anos do curso de graduação, o romance aprofundou-se muito. "Sem você", escreveu-lhe ele em 1900, "falta-me autoconfiança, prazer no trabalho, prazer em viver."[9] Mas, se vivessem juntos, ele lhe prometeu, "seremos as pessoas mais felizes da Terra juntos, com certeza". Deixando a cautela de lado, em certa altura ele lhe enviou uma carta com um desenho de seu pé para que ela pudesse lhe tricotar umas meias.

Einstein e Marić haviam se contido por algum tempo antes de contar para os amigos quão íntimo seu romance se tornara, mas ninguém se deixara enganar. Quando estava visitando os pais na Itália em 1900, Einstein escreveu para ela: "Michele já percebeu que gosto de você, porque … quando lhe disse que devo agora ir para Zurique novamente, ele perguntou: 'Que mais o atrairia [de volta]?'"[10] Que mais, de fato, se não Marić?

Há algo de muito grandioso nos anos imediatamente anteriores ao início de um novo século, e é provável que o círculo de Einstein experimentasse essa excitação. Os quatro amigos – Besso, Grossmann, Einstein e Marić – tinham uma atitude compartilhada por muitos estudantes: os professores em sua maioria eram relíquias de uma outra era e não deviam ser levados a sério, mas o século XX que despontava produziria maravilhas, e seria a geração mais jovem que as levaria a cabo. Disso, nenhum deles parecia ter qualquer dúvida.

Cada um tinha sua própria fonte de confiança. A família de Besso possuía uma próspera empresa de engenharia à sua espera na Itália, e ele já passara algum tempo lá assim como em Zurique. Besso era bom no trato com pessoas, e acreditava que quando finalmente se estabelecesse seria capaz de levar adiante o sucesso de sua família na indústria. Grossmann tinha um excepcional talento matemático, que todos na Politécnica reconheciam. Marić fora uma excelente aluna em sua escola secundária técnica em Budapeste e uma das primeiras mulheres no Império Austro-Húngaro a frequentar um curso secundário científico. Era também uma das poucas estudantes universitárias do sexo feminino na Suíça. Num país em que o sufrágio feminino ainda levaria sete décadas para ser introduzido, isso era uma distinção ainda maior para ela.

Os quatro amigos estavam ávidos para fazer avançar o conhecimento do mundo – talvez principalmente Einstein. Embora ele lutasse com as tarefas escolares, suas atividades intelectuais privadas estavam ganhando força. Além daquelas longas horas lendo jornais e fazendo brincadeiras nos cafés de Zurique, ele continuara a estudar os maiores físicos da Europa, aprendendo sozinho tudo que o desatualizado professor Weber ignorava.

Einstein era fascinado pelas ideias de Michael Faraday e James Clerk Maxwell de que poderiam existir campos elétricos e magnéticos invisíveis misturados estendendo-se pelo espaço, influenciando tudo a seu alcance. Era fascinado por descobertas mais recentes também: J.J. Thomson em Cambridge medindo detalhes do elétron, uma minúscula partícula que parecia existir no interior dos átomos dentro de todas as substâncias; Wilhelm Röntgen descobrindo raios X que podiam ver através de carne viva;

Guglielmo Marconi enviando sinais de rádio através do canal da Mancha. Como ocorriam esses fenômenos, perguntava-se ele, e por quê? Estivera refletindo profundamente sobre isso desde o ano que passara na Itália com a família antes de ir para a Suíça, mas na época fora incapaz de levar suas investigações mais adiante.

Agora estava ansioso para fazer avançar não apenas seu próprio conhecimento, mas também o de todo o campo da física. Devia parte de seu recente ímpeto ao desejo de ajudar o pai, cujas companhias em Pavia e Milão, apesar da relativa ausência de antissemitismo nesses locais, não estavam sendo mais bem-sucedidas do que sua sociedade anterior em Munique. O dinheiro que seus pais lhe enviavam para a subsistência representava um grande sacrifício para eles, e Einstein sabia disso. Também devia parte de seu ímpeto ao que extraíra de sua herança religiosa. Embora tivesse abandonado as formalidades da religião aos doze anos, acreditava que havia verdades esperando para ser descobertas no universo, apenas algumas das quais tinham sido vislumbradas pela humanidade. Essa seria sua busca, prometeu solenemente numa carta de 1897 à mãe de Marie Winteler.

"Árduo trabalho intelectual", escreveu, "e olhando para a Natureza de Deus estão os … anjos que haverão de me guiar através de todas as dificuldades da vida … E no entanto que caminho peculiar é esse … Criamos um mundinho para nós mesmos, e por mais lamentavelmente insignificante que ele possa ser em comparação com o tamanho perpetuamente cambiante da existência real, sentimo-nos miraculosamente grandes e importantes."[11]

A maior parte dos amigos de Einstein não ia além desses sentimentos da grandeza geral por vir. Ele, no entanto, agora estava pensando muito sobre a grande síntese vitoriana e começando a questionar a visão grandiosa que lhe fora transmitida. O universo estava dividido em dois grandes reinos. Havia energia, tal como transportada nas rajadas de vento que sopravam pelas ruas de Zurique que ele conhecia tão bem, e havia matéria, como as janelas de vidro de seus queridos cafés e a cerveja ou o café com chocolate que tomava enquanto refletia sobre todas essas coisas. Mas será que a unidade tinha de parar aí?

Nesse estágio, o jovem Einstein não podia fazer mais nada com semelhante pensamento. Ele era inteligente, mas parecia impossível responder às perguntas que estava fazendo a si mesmo. E era jovem o suficiente para simplesmente se contentar com a visão dominante do universo como tendo duas partes desvinculadas – embora com a confiança de que retornaria a isso mais tarde.

2. Maioridade

Amigos de universidade gostam de imaginar que continuarão juntos para sempre, mas isso raramente acontece. Em 1900, os quatro anos de Einstein, Grossmann e Marić na Politécnica de Zurique terminaram. Besso, alguns anos mais velho, já se mudara de volta para a Itália para trabalhar em engenharia elétrica. Embora tentasse demovê-lo ("Que desperdício de sua inteligência verdadeiramente excepcional",[1] escreveu ele para Marić naquele ano), Einstein respeitou a decisão do amigo, que impediria que ele se tornasse um fardo financeiro para a família. Grossmann iria lecionar no curso secundário, mas tinha interesse em pesquisa e acabou se matriculando para estudos de pós-graduação no campo da matemática pura, o que deixou o mais prático Einstein perplexo. Marić ficou indecisa entre continuar na Suíça para mais estudos (e o namorado) e voltar para a família perto de Belgrado, que a jovem tinha agora de visitar.

Einstein também estava empacado. Queria muito seguir carreira como cientista pesquisador, mas havia perturbado tanto seu principal instrutor de física, o professor Weber, com sua insubordinação e falta às aulas que este agora se recusava a escrever cartas de recomendação para outros professores ou diretores de escola, a maneira usual pela qual estudantes obtinham empregos desse tipo após a graduação. Com notável desenvoltura, o próprio Einstein tentou escrever para um de seus antigos instrutores de matemática, o professor Hurwitz, explicando que, embora não tivesse, de fato, se dado o trabalho de assistir à maior parte das aulas de Hurwitz, estava escrevendo "com a humilde indagação": poderia obter um emprego trabalhando como seu assistente?[2] Por alguma razão, Hurwitz não ficou impressionado e não houve nenhum emprego ali tampouco. Einstein continuou escrevendo cartas – "logo terei honrado todos os físicos do mar do Norte até a extremidade sul da Itália com meu oferecimento",[3] escreveu ele a Marić –, mas só obteve rejeições.

Essas recusas doíam especialmente porque ele sabia que sua família precisava de uma renda maior. Um pouco antes, ele dissera a Maja: "O que mais me oprime, é claro, é o infortúnio [financeiro] de nossos pobres pais. Aflige-me profundamente que eu, um homem feito, tenha de permanecer ocioso, incapaz de fazer a menor coisa para ajudar."[4]

Após um período como professor de escola secundária, tendo até trabalhado por algum tempo como professor particular de um jovem inglês na Suíça, Einstein voltou a morar com os pais na Itália em 1901. Seu pai, Hermann, reconheceu que o filho estava deprimido e resolveu ajudar. Decidiu escrever para Wilhelm Ostwald, um dos maiores cientistas da Alemanha, explicando que "meu filho Albert tem 22 anos de idade [e] ... se sente profundamente infeliz ... Sua ideia de que saiu dos trilhos com a carreira e está isolado agora fica mais arraigada a cada dia".[5] Hermann pediu ao professor que escrevesse para Albert "algumas palavras de encorajamento, de modo que ele possa recobrar sua alegria. Se, além disso, o senhor pudesse lhe fornecer um cargo de assistente para agora ou para o próximo outono, minha gratidão não teria limites". Naturalmente, isso tinha de permanecer entre eles dois, pois "meu filho nada sabe sobre meu inusitado passo". O apelo era sincero, mas foi tão ineficaz quanto a maioria das inciativas comerciais de Hermann. Ostwald nunca respondeu.

Quanto ao relacionamento com Marić, a mãe de Einstein, embora não a conhecesse, não podia suportar essa moça de quem ele tanto falava – pois que mulher, para início de conversa, seria jamais suficientemente boa para seu filho? Pauline usava o fracasso de Einstein em ganhar bem a vida como uma razão adicional para insistir que parasse de escrever a essa mulher não judia. Depois de três semanas dessa tortura moral, Einstein escreveu para Grossmann em desespero, perguntando-lhe se teria alguma maneira de ajudá-lo a escapar de ter de morar em casa. Quando Grossmann apelou para conexões de família, obtendo para o amigo uma entrevista no Departamento de Patentes em Berna, Einstein escreveu de volta imediatamente:

"Quando encontrei sua carta fiquei profundamente comovido [por] você não ter esquecido seu velho amigo sem sorte."[6]

Não era exatamente a profissão que Einstein imaginara para si, mas o emprego no Departamento de Patentes – se conseguisse obtê-lo – seria uma maneira útil de ganhar a vida, e talvez de proteger seu relacionamento com Marić também. Ajudou o fato de que, mais cedo em 1901, ele havia adquirido cidadania suíça, tendo passado por um processo de solicitação que envolveu ser seguido por um detetive particular, que observou que Herr Einstein mantinha horários regulares e bebia pouco, merecendo portanto ser aprovado. Mesmo assim, porém, o cargo lhe parecia uma decepção, meramente um meio de ganhar um salário regular enquanto tentava voltar para o sistema acadêmico. Precisou fingir para seus pais que isso era ótimo e não consistia num obstáculo de maneira alguma.

Pelos menos tudo continuava a ir bem com Marić, pois enquanto ele ainda estava com os pais no norte da Itália ela voltara para a Suíça, não tão terrivelmente distante. Eles podiam escrever um para o outro sobre ciência e amor – e tentar combinar um encontro.

> Maio, 1901
>
> Minha querida boneca! … Esta noite passei duas horas à janela e pensei sobre como a lei de interação de forças moleculares poderia ser determinada. Tive uma ideia muito boa. Vou lhe falar sobre ela domingo…
>
> Ah, escrever é estúpido. Domingo vou beijá-la em pessoa. A uma feliz reunião! Saudações e abraços do seu,
>
> Albert
>
> PS: Amor![7]

E de fato se beijaram, encontrando-se finalmente nos Alpes suíços, bem acima do lago Como. Marić escreveu para a melhor amiga descrevendo como ela e o namorado tiveram de atravessar um desfiladeiro em meio a seis metros de neve.

> Alugamos um pequenino trenó [puxado a cavalo], do tipo que estão usando lá, que tem apenas lugar para duas pessoas apaixonadas uma pela outra, e o cocheiro fica de pé numa pequena prancha na traseira … e chama você de "*signora*" – pode imaginar alguma coisa mais bonita?
>
> … Não havia nada senão neve e mais neve até onde a vista alcançava … Segurei meu querido firmemente em meus braços sob os casacos.[8]

Einstein deve tê-la segurado com igual firmeza. "Como foi lindo", ele escreveu para ela, "[quando] você me deixou apertar sua querida pessoinha contra mim, daquela maneira tão natural."[9] No fim das férias, em maio de 1901, ela estava grávida. Dados os costumes da época, Marić não teve opção quando descobriu senão voltar para sua família até o nascimento. Nove meses depois, Einstein lhe escreveu.

> Berna, terça-feira [4 de fevereiro, 1902]
> Aconteceu realmente de ser uma menininha, como você desejava! Ela é saudável, e chora corretamente? Que tipo de olhinhos tem? É esfomeada?
>
> Eu a amo tanto, e ainda nem a conheço![10]

Existem poucas outras referências à filha dos dois, pois era quase impossível na época para um casal não casado com suas origens manter um filho ilegítimo. Embora tenham lhe dado o nome de Lieserl (Elizabeth), evidências indiretas sugerem que a menina foi entregue para adoção, provavelmente para uma família amiga em Budapeste. Einstein nunca voltou a falar dela.

Após uma série de entrevistas, Einstein conseguiu o emprego no Departamento de Patentes para o qual o pai de seu amigo Grossmann lhe dera uma recomendação. Era em Berna, uma cidade muito menor – não Zurique, mas ainda um local aceitável, embora o salário não fosse o que ele esperara. Einstein havia se candidatado ao cargo de especialista técnico de segunda classe, mas o chefe do Departamento de Patentes, superintendente Haller, desapontado com sua falta de competência técnica, só lhe oferecera o cargo inferiormente remunerado de especialista técnico de terceira classe.

Einstein aceitou o cargo, mas precisava de mais dinheiro. Como o pai, era empreendedor, e em 1902 publicou um anúncio no jornal local:

Aulas particulares de
MATEMÁTICA E FÍSICA
para estudantes e alunos
dadas com extremo cuidado por
ALBERT EINSTEIN, detentor do diploma
de professor da Fed. Polit.
GERECHTIGKEITSGASSE 32, 1º PISO
Primeira aula grátis[11]

Mas, se ele era tão dinâmico quanto o pai, os dois homens também compartilhavam certa imprecisão quanto a detalhes comerciais. Embora Einstein tenha atraído vários alunos, era tão agradável e falante que se tornou amigo da maioria deles – e depois lhe pareceu que não podia cobrar pelas aulas. De uma maneira ou de outra, no entanto, ele de fato acumulou pouco a pouco algumas economias, inclusive com o que ganhou do único aluno de quem continuava a cobrar, e que deixou uma descrição de Einstein nessa época: seu professor particular, ele escreveu, "tem 1,75 metro, ombros largos… grande boca sensual … A voz é … como o tom de um violoncelo".[12]

Einstein também tentava continuar sua própria pesquisa, mas era difícil. O emprego no Departamento de Patentes era de seis dias por semana, e a única boa biblioteca para pesquisa em Berna fechava aos domingos, seu único dia de folga. Ele era orgulhoso demais para deixar que alguém percebesse como sua vida era dura, e certamente orgulhoso demais para pedir desculpas ao professor Weber, humilhando-se para conseguir retornar à academia.

Einstein podia estar tendo dificuldades profissionalmente, mas sua vida romântica era tudo com que sonhara. Marić tinha algumas economias, e somando o dinheiro dos dois era possível pagar um apartamento grande o suficiente para ambos. Ela se mudou de volta para a Suíça, e em janeiro de 1903 os dois se casaram na Prefeitura de Berna. Ele tinha quase 24 anos e ela, 28. Não teriam sido humanos se não sentissem falta de sua filha. "Continuaremos sendo estudantes juntos enquanto vivermos", escreveu Einstein, exultante, "sem dar a mínima para o mundo."[13]

Sua mãe continuava irritada com aquela escolha, deixando que todos – especialmente o filho – percebessem quanto detestava a srta. Marić.[14] Mas sua fiel irmã mais nova, Maja, insistiu para que a mãe desse uma chance à nora. A própria Marić estava confiante de que acabaria por conquistar a família do marido: como disse a uma amiga, ela simplesmente encontraria alguém que a mãe respeitasse e se faria útil para essa pessoa. Com isso, a mãe teria de ver como era bem-intencionada, não é?

O feliz casal fez novos amigos em Berna, ajudados pelo fato de que exímios violinistas eram sempre apreciados. Einstein era frequentemente convidado para a casa de famílias que desejavam um instrumento extra para seus serões musicais. Ele e Marić também continuavam se encontrando com o sempre leal e tranquilo Michele Besso, que logo se mudou da Itália de volta para a Suíça e arranjou um emprego no Departamento de Patentes também. Einstein lhe disse: "Portanto sou um homem casado agora … [Mileva] cuida de tudo esplendidamente, é uma boa cozinheira, e está sempre alegre."[15] Besso também já estava casado, e Einstein tinha desempenhado um papel nisso – apresentando-o à família de sua ex-namorada Marie, da qual Besso gostou tanto que pediu a mão da irmã mais velha desta, Anna, com quem logo teve um filho. Os casais passavam tempo juntos facilmente. "Gosto muito dele", escreveu Einstein sobre Besso, "por causa de sua mente aguçada e sua simplicidade. Também gosto de Anna, e especialmente do garotinho deles."[16] No fim de 1903, Einstein e Marić tinham se mudado para um apartamento com uma pequena sacada com vista para os Alpes. Eles se espremiam na sacada – às vezes com amigos, às vezes só os dois –, recém-casados admirando a própria sorte.

Desde a adolescência, Einstein tivera momentos em que se sentia extremamente isolado. Mesmo agora, cercado por aqueles que amava, estava consciente das barreiras que podiam separar pessoas umas das outras, mesmo que estivessem próximas ou vivessem na mesma casa. Confidenciou a Marić que ele e a irmã tinham "se tornado tão incompreensíveis um para o outro que eram incapazes de … sentir o que move o outro", e que às vezes "todas as outras pessoas me parecem muito estranhas, como se contidas por uma parede invisível."[17] Devia parecer um pequeno milagre que a própria Marić a tivesse derrubado.

Quando seu primeiro filho legítimo – um menino, Hans Albert – nasceu em 1904, a renda do casal ainda era baixa. ("Quando eu falava sobre experimentos com relógios em diferentes partes de um trem", Einstein lembrou mais tarde sobre um trabalho que estava prestes a começar, "ainda possuía apenas um relógio!"[18]) Mas a jovem família tinha tudo de que precisava. Einstein era habilidoso e, em vez de comprar brinquedos caros para o filho, improvisava com itens comuns, como da vez em que construiu todo um conjunto de bondes em miniatura que funcionavam com caixas de fósforo e cordão, algo de que seu filho se lembraria com carinho mesmo décadas depois.

Foi uma época feliz. O amor entre Einstein e Marić havia sobrevivido à adoção da filha, a frustrações profissionais e ao espectro da pobreza. Certamente poderia sobreviver a qualquer coisa.

3. Annus mirabilis

Foi no Departamento de Patentes em 1905 que Einstein teve seus primeiros grandes êxitos.

Sob muitos aspectos, o departamento era tão formal e constritivo quanto ele havia temido. Era parte do serviço público federal suíço, e havia estritas hierarquias de posição. Einstein era apenas um entre várias dezenas de homens treinados que trabalhavam em escrivaninhas altas quase idênticas do começo ao fim de longos dias, sob supervisão constante.

Tratava-se, contudo, de um trabalho surpreendentemente interessante, e tinha uma série de vantagens para ele em seu sonho de retornar ao mundo acadêmico. Em primeiro lugar, no Departamento de Patentes ele devia avaliar propostas de novos aparelhos, especialmente no campo da engenharia elétrica, e decidir se eram originais o bastante para merecer uma patente. Isso era um pouco como dar uma olhada antecipada nas mais recentes criações de alta tecnologia no Vale do Silício em nossos dias, e muitos dos princípios que ele desenvolveu para avaliar essas aplicações seriam úteis em seu trabalho posterior.

Outra vantagem de seu emprego era a liberdade que lhe proporcionava para se dedicar a trabalhos extracurriculares. Embora fosse pedante, seu supervisor, Herr Haller, tolerava que Einstein gastasse o tempo livre em seus próprios artigos de pesquisa, os quais ele empurrava para o lado às pressas ou enfiava numa gaveta da escrivaninha (que apelidava descaradamente de "Departamento de Física Teórica") sempre que Haller se aproximava.

Sabendo que sua única chance de obter um cargo universitário seria apresentando descobertas sólidas de pesquisa, Einstein não sentia nada da pressão de publicar descobertas preliminares e incompletas que teria enfrentado se já tivesse obtido um cargo na universidade e estivesse trabalhando para ascender ("uma tentação à superficialidade", escreveu mais tarde, "a que somente personalidades fortes podem resistir"[1]). Ainda que a tarefa fosse desanimadora, não se dispunha a deixar mais ninguém saber quão formidável ela era – com exceção, talvez, da mulher, que tinha suas próprias frustrações profissionais. Marić tinha visto seus próprios sonhos de pesquisa esmagados, não tendo conseguido obter um cargo acadêmico, e estava agora confinada em casa com o filho. Teria sido apenas natural que os dois amantes se compadecessem, mesmo que as diferentes causas de seu sofrimento estivessem abrindo pouco a pouco um abismo entre eles.

À noite, Einstein costumava sair para longas caminhadas com Besso e outros, inclusive um novo amigo chamado Maurice Solovine, um jovem romeno que solicitara as aulas de física que Einstein continuava oferecendo e tornara-se desde então um de sua turma – ainda que tivesse desistido da física após uma ou duas sessões com Einstein, trocando-a pela filosofia. Às vezes Marić os acompanhava; às vezes iam só os homens. Eles paravam em tabernas rurais para um queijo, ou cerveja, ou o café com chocolate, que Einstein preferia, e conversavam sobre alimentos saudáveis ou a nova moda das aulas de exercícios "aeróbicos" que estavam sendo constantemente anunciadas, ou sobre política e filosofia e todos os seus sonhos para o futuro.

No verão, se tivessem conversado até muito tarde, Einstein e os amigos continuavam até uma montanha bem próxima de Berna onde os Einstein também iam às vezes durante o dia com a família de Besso. "A visão das estrelas cintilantes", escreveu Solovine, "nos causava forte impressão." Ali eles esperavam e, continuou Solovine, "nos maravilhávamos quando o sol avançava devagar rumo ao horizonte, e finalmente aparecia em todo o seu esplendor para banhar os Alpes num rosa místico".[2]

A física e os fundamentos de como o mundo havia sido formado eram assuntos naturais para esses momentos. Tudo no campo de Einstein vinha se acelerando desde o ano de sua formatura na Politécnica. Marconi havia agora enviado ondas de rádio não apenas através do canal da Mancha, mas através do Atlântico. Marie Curie em Paris tinha descoberto fontes imensas, aparentemente ilimitadas, de energia em minérios de rádio; Max Planck na Alemanha parecia ter demonstrado que a energia não emanava gradualmente de objetos aquecidos de maneira suave, mas "saltava" em intervalos estranhos, abruptos – o que mais tarde tornou-se conhecido como saltos quânticos. A termodinâmica era matéria de grande assombro, pois como o universo sabia deslocar o calor de um lugar para outro da maneira precisa como o fazia? E ainda havia o modo peculiar como tudo se encaixava em dois domínios que pareciam perfeitamente equilibrados – o domínio da energia e o domínio da matéria, ou daquilo em que os cientistas estavam pensando cada vez mais como o domínio da massa.* Tinha de haver alguma unidade simples por trás disso tudo, acreditavam Einstein, Solovine e seus amigos mais chegados: um punhado de princípios profundos que explicariam por que o universo havia sido formado para fazer tudo funcionar.

Mas o quê?

Depois das longas caminhadas e da reflexão nas montanhas, haveria um cafezinho rápido no café mais próximo, em seguida um passeio juntos de volta à cidade, onde os caminhantes dariam início a seus respectivos dias de trabalho. "Nós estávamos transbordando de bom humor", lembrou Solovine. Não havia necessidade de sono.

O único problema era que Einstein ainda não estava tão confiante quanto parecia. Ele sabia que o pai jamais conseguira o que esperara, enfrentando uma sucessão de empreendimentos comerciais malogrados que deixavam o casal sempre dependente da ajuda de parentes mais ricos. E vira seus maiores amigos abandonarem os próprios sonhos elevados por

---

* Os termos usados por cientistas antigos tinham significados sutilmente diferentes dos que têm agora. Para Lavoisier e outros no final do século XVIII, era natural pensar em termos de matéria no que hoje conceberíamos como o número de átomos num objeto. Pouco a pouco isso mudou, e no início do século XX o conceito era compreendido em termos da conservação da massa. Qual é a diferença? "Massa" é mais facilmente concebido como a medida da resistência de um objeto à aceleração. Uma caneta é facilmente acelerada, uma grande montanha não, portanto a última tem mais massa. A reviravolta inesperada é que as duas diferentes concepções são estreitamente relacionadas: é difícil acelerar montanhas em especial porque elas têm mais átomos em seu interior.[3]

uma chance de estabilidade. Marić pusera sua pesquisa de lado por causa do nascimento e depois do abandono de Lieserl, e Besso também se desviara da pesquisa, primeiro voltando à firma de engenharia da família e depois indo se juntar a Einstein no Departamento de Patentes.

Embora os dias de trabalho de Einstein e Besso fossem interessantes, não era o trabalho criativo com que um dia haviam sonhado. Einstein sabia que o notável inglês sir Isaac Newton estava apenas na metade da casa dos vinte anos quando, na década de 1660, não apenas concebeu as ideias para o cálculo, mas também teve os primeiros lampejos – na fazenda de sua mãe em Lincolnshire, com a famosa queda da maçã – de sua magnífica ideia de que uma única lei da gravitação se estendia do interior da Terra até as macieiras nos prados e até a própria Lua, que se deslocava velozmente em sua órbita mais de 384 mil quilômetros acima. Einstein tinha a mesma idade. Onde estava sua grande descoberta?

Será que Einstein viria a ser uma daquelas pessoas que passam a vida inteira nas laterais, admirando as realizações alheias? Para sua irmãzinha, Maja, ele era um gênio – o irmão mais velho capaz de fazer qualquer coisa. Mas o próprio Einstein poderia ter sido perdoado por adotar uma visão mais sombria. Em seu tempo livre, ele tentava reunir ideias para publicação, mas, quando fez 24 e depois 25 anos, nenhuma delas era o que esperara; nenhuma era muito profunda. Ele examinou as forças que ajudam a fazer líquidos se curvarem para cima dentro de um canudo, mas não chegou a nada profundamente original. Se não tivesse se tornado "Einstein", esses artigos teriam sido esquecidos.

O tempo passava, e então, quando ele se aproximava dos 26 anos, algo de extraordinário aconteceu. Num frenesi de atividade na primavera de 1905, seu bloqueio se rompeu, e Einstein começou a escrever uma série de cinco artigos que iriam muito em breve transformar a física.

Sua mente o puxava em muitas direções diferentes por volta do momento de seu 26º aniversário. Ele estava pensando sobre espaço e tempo, luz e partículas, e começou a rascunhar artigos sobre esses assuntos. Ao fazê-lo, porém, viu-se também retornando às suas especulações anteriores sobre a possibilidade de haver no universo alguma unidade mais profunda do que lhe fora ensinado.

A criação de Einstein pode não lhe ter dado o tino comercial mais aguçado, mas o preparara perfeitamente para esse tipo de originalidade intelectual. Como o economista norueguês Thorstein Veblen observou certa vez, quando famílias estão passando por uma mudança da crença religiosa para o secularismo, os filhos muitas vezes crescem para ser céticos em relação a quaisquer reivindicações de verdade suprema – quer venham de autoridades na religião, na ciência ou em qualquer outro campo. Einstein foi moldado por esse ceticismo, tal como outros membros de sua família – em especial sua irmã, Maja, cuja perspectiva não convencional das coisas se manifestava num agudo senso de ironia. (Lembrando anos mais tarde como Albert tinha jogado certa vez uma pesada bola em sua cabeça num acesso de fúria, ela comentou: "Isto deveria ser suficiente para mostrar que é preciso ter um crânio sólido para ser irmã de um intelectual."[4])

A atitude cética de Maja se manifestava em graça zombeteira, mas para Einstein esse mesmo traço o levava a questionar tudo que lhe era ensinado, quer fosse em sua escola secundária de Munique, sua Politécnica de Zurique ou em suas próprias leituras. E seu ceticismo inerente estivera se desenvolvendo com vistas a esse momento, embora seu espírito combativo lhe fosse ser útil também.

Em 1905, à medida que seu magnífico trabalho prosseguia, ele começou a investigar seriamente se os dois domínios que seus predecessores vitorianos haviam julgado inteiramente separados não estariam na realidade ligados de alguma maneira. A concepção dominante na época, como seu pai, seu tio e amigos da família lhe haviam explicado durante a infância, e como ele e todas as pessoas no colégio em Zurique tinham inculcado em si mesmos ainda mais, era que o universo se dividia em duas partes. Havia o domínio da energia, a que os cientistas se referiam com a letra *E*. E havia o domínio da matéria – ou, mais tecnicamente, o domínio da massa –, que era simbolizado pela letra *M*.

Para os cientistas antes de Einstein, era como se todo o mundo estivesse dividido em duas vastas cidades sob cúpulas. Dentro da cidade sob a cúpula de *E*, onde existia energia, havia chamas bruxuleantes, ventos impetuosos e coisas semelhantes. A outra cidade protegida por uma cúpula, separada e localizada muito longe, era a terra de *M*, da massa, onde montanhas e locomotivas e todas as demais coisas pesadas, substanciais de nosso mundo existiam.

Einstein convenceu-se de que tinha de haver uma maneira de uni-las. O Deus em que não acreditava inteiramente não tivera nenhuma razão para parar arbitrariamente de criar o universo quando chegara a duas partes. Se havia algum sentido, Ele teria ido adiante e criado uma unidade mais profunda, da qual tudo que vemos é apenas uma manifestação diferente.

Diz-se muitas vezes que a ciência despovoou o céu – livrando-o de forças e seres místicos, dando-nos um mundo em que a fria razão é suficiente para explicar tudo que vemos. Mas Einstein era um estudioso da história da ciência, e sabia que não estava sozinho no sentimento de que havia mais alguma coisa. Newton, também, tinha escrito de maneira sugestiva que estava simplesmente vendo as intenções de Deus nas leis que descobriu.

A vida de Newton abarcou parte do século XVII e do XVIII, e ele não via nenhuma distinção entre sua pesquisa sobre o que hoje chamamos de física e sua pesquisa sobre o que hoje vemos como os campos separados da teologia e da história bíblica. Acreditava que a Bíblia continha verdades ocultas estabelecidas por Deus e que o ajudavam a acreditar que o universo também encerrava segredos do Criador.

Com o tempo, para a maioria dos cientistas, as conjecturas religiosas de Newton tinham se tornado vestígios da fase anterior da ciência – um andaime necessário no início, mas que, com a maturidade, podia ser retirado, permitindo à "máquina" da investigação científica operar por si própria. A noção de um universo semelhante a um relógio havia passado a preponderar: um universo que possuía partes internas intricadamente ligadas e cuja corda podia ter sido dada uma vez no princípio por Deus, mas que desde então fora capaz de avançar de maneira inteiramente automática, por si mesmo, qualquer necessidade de uma hipótese ou presença divina desaparecendo cada vez mais no passado. Pesquisadores no século XVIII e especialmente no XIX que sentissem as coisas de maneira diferentes eram considerados como tendo sido alimentados com ideias arcaicas quando jovens, dedicando-se talvez a uma tocante homenagem a sua comunidade, mas alimentando crenças que de resto não tinham nenhum significado.

Einstein não estava de acordo com isso. Para cientistas no nível mais elevado, disse ele certa vez, a ciência superava e substituía a religião. "[Seu] sentimento religioso toma a forma de um enlevado assombro em face da harmonia da lei natural, que revela uma inteligência de tal superioridade que, comparado a ela, todo o pensamento e ação sistemáticos de seres humanos são uma reflexão completamente insignificante."[5] Quem quer que não tenha tido esse sentimento de admiração "está quase morto, e seus olhos estão toldados". Newton tinha mostrado que nosso universo é organizado por leis tão sucintas quanto as instruções divinas que ele encontrava na Bíblia. Einstein, agora com 26 anos, estava pronto para fazer o mesmo.

E se o universo não fosse realmente dividido em duas partes distintas afinal de contas? E se – para usar a imagem fornecida antes – as duas cidades sob cúpulas não estivessem situadas em completo isolamento em partes separadas de um vasto continente, mas tivessem na realidade um túnel secreto entre elas através do qual tudo que existia em uma pudesse se deslocar a toda velocidade e tomar forma na outra? E se tudo que existia na cidade de *E* pudesse disparar através do túnel e se transformar em massa, ou *M* – e tudo que existia na cidade sob uma cúpula de *M* pudesse disparar de volta através do túnel e se transformar em energia, ou *E*?

Imaginar um túnel entre essas cidades sob cúpulas é um pouco como imaginar que o fogo energético que tremeluzia sobre um tronco em combustão não era diferente em natureza da madeira desse tronco, mas sim que, de algum modo, a madeira podia explodir em chamas, ou – na outra direção – o fogo podia ser espremido de volta na madeira. Em linguagem taquigráfica, isso seria como dizer que energia podia se tornar massa, e massa podia se tornar energia. Ou, de maneira ainda mais abreviada, que *E* podia se tornar *M*, e *M* podia se tornar *E*.

A POSSIBILIDADE DE QUE ENERGIA e massa fossem uma só e mesma coisa ainda não estava clara para Einstein. No entanto, quando encerrava seu outro trabalho, no verão de 1905, ele compreendeu que podia ir mais longe.

A visão de energia e massa como interligadas – de um túnel ligando a cidade de *M* com a cidade de *E* – estava no cerne do artigo final da série escrita por Einstein em 1905. A questão a que ele tinha de responder antes de poder publicar essa teoria radical era como o túnel entre *M* e *E* opera em nosso mundo real. Ele transfere itens de um lado para outro diretamente ou os aumenta de alguma maneira quando viajam numa direção e os encolhe quando viajam na outra? No primeiro caso, seria como se o mundo tivesse apenas duas cidades – digamos, Munique e Edimburgo – e um túnel invisível arremessasse pessoas voando de um lado para outro entre elas sem lhes alterar o tamanho: apenas deixando-as chegar com uma curiosa capacidade de falar a língua local. No segundo caso, seria como se os residentes de cada cidade mudassem de tamanho ao chegar à outra, um pouco como Alice. Mas qual seria a cidade cujos cidadãos encolheriam ao viajar, e qual seria aquela em que cresceriam?

Einstein solucionou essa questão no final do verão de 1905. Mostrou que o universo estava arranjado de tal maneira que eram os objetos na cidade da "massa" que se expandiam automaticamente à medida que se transformavam em energia. Em nosso exemplo de Munique e Edimburgo, os rechonchudos burgueses de massa de Munique entrariam no túnel da transformação como viajantes de altura comum, mas depois, quando terminassem sua extraordinária viagem para Edimburgo, emergiriam do túnel como seres de energia cambaleantes, descomunais, com centenas de metros de altura, capazes de passar por cima da cidade como enormes arranha-céus ambulantes. Na outra direção, quando os naturais de Edimburgo voassem túnel adentro rumo a Munique, eles encolheriam, e diminuiriam tanto que, ao emergir em Munique, as aturdidas coisinhas seriam menores do que os mais diminutos fragmentos de salsicha que viam ambulantes venderem nas esquinas.

Em que medida cada lado mudava ao se transformar? Ao resolver esse problema, Einstein introduziu uma abordagem inteiramente nova que lhe havia ocorrido naquele ano maravilhoso – uma ideia tão inesperada quanto um movimento brilhante no xadrez. Estamos acostumados a pensar que, se estivermos num carro estacionado e acendermos os faróis dianteiros, os raios de luz que disparam para a frente estarão viajando a certa velocidade, e então, se começarmos a dirigir e chegarmos a 60 km/h, os raios de luz estarão agora viajando 60 km/h mais depressa também. A partir de princípios profundos, contudo, Einstein havia concluído que não era assim, e, com outras reviravoltas engenhosas, conseguia agora mostrar que energia e massa se transformam uma na outra: que elas são apenas diferentes rótulos para o que é na realidade uma coisa só.

Naquela altura, os cientistas sabiam havia muito que a velocidade da luz é muito grande. É apenas um pouco superior a 1 bilhão de quilômetros por hora: o suficiente para que um sinal emitido da Terra chegue à Lua em menos de dois segundos ou cruze todo o sistema solar em horas apenas. Essa velocidade – aproximadamente 1 bilhão de quilômetros por hora – foi simbolizada pela letra c, do latim *celeritas*, celeridade, velocidade.

Se a massa fosse simplesmente aumentada pelo fator da velocidade da luz ao viajar pelo túnel da transformação, produziria uma enorme quantidade de energia. Mas os cálculos de Einstein mostravam que as coisas iam ainda mais longe. Se multiplicamos c por ele mesmo, criamos o número ainda maior c^2: aproximadamente 1.164.786.000.000.000.000 km/h^2. É *nessa* medida que um pedacinho de massa será aumentado quando for transformado em energia. Massa pode se tornar energia, em quantidades incrivelmente vastas. O grande número c^2 diz exatamente qual é a mudança. Em equação, $E=mc^2$.

Na maior parte do tempo, a energia inerente à massa permanece oculta, pois quase todas as substâncias na Terra são muito estáveis. Einstein descreveu muitas vezes a energia dentro de rochas ou metais comuns como semelhante a uma enorme pilha de moedas guardadas por um avarento imensamente sovina: capazes de provocar um enorme efeito se lhes fosse permitido sair, mas invariavelmente mantidas dentro, e por conseguinte invisíveis ao mundo exterior. Mesmo em 1905, porém, alguns especialistas começavam a encontrar maneiras de deixar uns pedacinhos escaparem.

Em Paris, Marie e Pierre Curie haviam ficado famosos por experimentos em que descobriram que um calor radiante – uma forma de energia – emanava de meros pontinhos de minério de rádio: hora após hora, dia após dia, ano após ano. Hoje compreendemos que toda essa energia radiante provinha de um número muito pequeno de átomos que se transformavam, multiplicando-se por aquele fator de 1.164.786.000.000.000.000 à medida que corria para o exterior e produzia calor. Einstein soube do trabalho dos Curie e, no final de seu último artigo de 1905 – ainda modesto o bastante para saber que qualquer ideia, por melhor que seja, necessita de uma prova –, sugeriu: "Talvez venha a ser possível comprovar esta teoria usando corpos cujo conteúdo de energia é variável num alto grau, e.g., sais de rádio."[6]

Quando o verão se transformou no outono e ele deu os toques finais em seu quinto e último artigo e o enviou para o periódico alemão *Annalen der Physik* (Anais da física), não tinha a menor ideia do que vinha pela frente. Apenas quarenta anos mais tarde, uma grande nação iria configurar urânio purificado de tal maneira que porções inteiras desse metal poderiam ser transformadas de acordo com sua equação – cada fração de massa tornando-se aumentada pelo gigantesco multiplicador c^2 à medida que "desaparecia" da existência material e se revelava instantaneamente, em vez disso, como pura energia. O resultado, sobre Hiroshima, foi uma descarga de energia explodindo que destruiu uma cidade inteira: criando incêndios, ventos com força de furacão e um clarão tão assombrosamente grande que chegou à Lua antes e refletiu de volta para a Terra. Quando Einstein, exilado nos Estados Unidos, ouviu a notícia pelo rádio em 1945, virou-se para sua antiga secretária e disse, consternado, que, se tivesse sabido o que iria acontecer, não teria levantado um dedo para ajudar.

Tudo isso estava no futuro distante. Por ora, o jovem físico estava satisfeito com seu trabalho. Seu penúltimo artigo para os *Annalen der Physik* havia sido aquele que mostrava o papel central desempenhado pela velocidade da luz numa vasta série de conceitos. O trabalho naquele artigo, publicado em 1905, é o que se tornou conhecido como relatividade especial. Um dia após sua publicação, os *Annalen* receberam o artigo final, mostrando uma consequência daquilo: o fato de que massa e energia podem ser transformadas uma na outra. Esse derivado da relatividade especial foi publicado em 21 de novembro de 1905 e completou seu *annus mirabilis* – um ano absolutamente extraordinário tanto para Einstein quanto para o mundo.

Em apenas alguns meses, o desconhecido Einstein tinha publicado vários dos artigos mais significativos da história da ciência. Tinha visto quão claramente as operações internas do universo estão arranjadas, tal como nesse túnel até então nunca imaginado entre massa e energia que $E=mc^2$ descrevia de maneira tão precisa. Esses e outros conceitos em sua série de 1905 iriam gradualmente renovar nossa compreensão de tudo, desde as operações da luz até a natureza do espaço e tempo. À medida que começassem a compreender seu trabalho, os físicos iriam também dar a seu autor um gostinho do respeito de seus colegas, tão desejado por ele. No entanto, quando o último de seus artigos foi publicado no outono de 1905, Einstein teria podido apenas adivinhar o que vinha pela frente – e quão mais longe ainda teria de ir.

Ele estava ficando mais confiante, contudo ainda estava longe da presunção. Assim que arquitetou a ideia para seu último artigo, ligando *E* e *M*, escreveu para um amigo: "A ideia é divertida e sedutora, mas se o bom Deus está zombando de mim e me conduzindo pelo caminho do jardim – isso eu não posso saber."[7]

Estava também exausto após os meses de trabalho intenso. Tinha realizado tudo aquilo enquanto ainda trabalhava seis dias por semana, oito horas por dia, no Departamento de Patentes. Quando finalmente terminou, ele e Mileva saíram para beber, o que era muito raro para o casal: Einstein raramente ia além de uma cerveja ocasional, e ambos em geral tinham apenas chá ou café na mesa. Sua falta de experiência é evidente, pois sobrevive um cartão-postal do dia seguinte, assinado pelos dois: "Ambos, ai de nós, completamente bêbados debaixo da mesa."[8]

4. Só o começo

No verão de 1907, Max von Laue, assistente pessoal do grande físico alemão Max Planck de Berlim, foi enviado a Berna numa missão para conhecer o homem que havia publicado aqueles artigos extraordinários nos respeitados *Annalen der Physik* em 1905.

Quando Von Laue chegou e fez suas indagações, descobriu que o homem que presumia ser um *Herr Doktor Professor* Einstein não estava na Universidade de Berna, mas parecia trabalhar no prédio dos Correios, que abrigava o Departamento de Patentes.[1] Von Laue andou até lá e pediu que o professor fosse chamado. Vários minutos mais tarde, um rapaz cortês entrou na sala de espera. Von Laue ignorou-o, esperando o professor. O jovem pareceu confuso – por que tinha sido chamado se não havia ninguém para recebê-lo? –, antes de voltar à sua escrivaninha no terceiro andar.

Outra solicitação foi feita: certamente o professor não estava levando tanto tempo para descer, não é? Depois que Von Laue esperou mais um tempo, Einstein entrou pela segunda vez. Só então o assistente de Planck se deu conta de que ele devia ser o grande pensador: não um professor – nem mesmo um *Doktor* –, mas de algum modo um mero funcionário sem importância no prédio dos Correios.

Maja lembra que Einstein pensou que sua publicação nos *Annalen* seria imediatamente notada e que ficou desapontado quando ela pareceu ser inteiramente ignorada. Isso ocorreu em parte porque ele não se dera o trabalho de relatar seus resultados na forma científica usual, com uma multidão de notas de rodapé remetendo a trabalhos anteriores de professores famosos. Havia poucas notas de rodapé em seu principal artigo; no parágrafo final, contudo, ele agradecia calorosamente a seu amigo Michele Besso, que o ajudara por meio de sérias trocas de ideias sobre física enquanto faziam longas caminhadas pelos arredores de Berna. Mas em parte isso se deveu ao fato de que a façanha de Einstein era de difícil compreensão.

Einstein havia chegado às suas teorias usando princípios muito gerais. Essa técnica lhe fora útil no Departamento de Patentes, onde havia aprendido como usar princípios de nível mais elevado para avaliar se uma invenção funcionaria ou não. Se um inventor dizia que um aparelho enviado para avaliação usava moto perpétuo, por exemplo, Einstein sabia que podia rejeitá-lo de imediato. O moto perpétuo não é possível, pelo menos em nosso mundo real de atrito e entropia. Quando aplicada a projetos mais ambiciosos, porém, a abordagem simples e abstrata de Einstein frequentemente tornava difícil para seus pares científicos chegar a uma boa compreensão de suas teorias, para não dizer atacá-las.

Em seus trabalhos de 1905, Einstein havia usado uma série desses princípios de ordem mais elevada para elaborar ideias de estranheza chocante. Havia $E=mc^2$ em seu artigo de novembro, que insistia – de maneira muito precisa – que energia era apenas uma forma muito difusa de massa, e massa, nada mais que energia excepcionalmente densa. Para qualquer pessoa instruída em ciência vitoriana convencional, era uma alegação suficientemente chocante. Mas essa equação era apenas uma consequência da teoria da relatividade especial mais ampla de seu artigo anterior, de setembro – uma teoria que fundamentalmente reelaborava o significado de observar eventos no espaço e tempo.

A relatividade especial tinha outras implicações, igualmente bizarras, além daquelas que Einstein deslindaria em $E=mc^2$. Se observássemos um trem viajando com suficiente rapidez, ele mostrou naquele artigo de setembro, nós o veríamos ficar mais curto na direção do movimento. Movendo-se com suficiente rapidez, as maiores locomotivas acabariam não sendo mais espessas que um selo postal. O tempo também não era o que pensávamos que fosse. Estamos habituados a pensar que o tempo sempre "flui" na mesma velocidade para todos. Mas alguém que estivesse acelerando em alta velocidade para fora da Terra veria toda a nossa espécie zunindo através de séculos no que pareceriam simples minutos, enquanto nós, na Terra, se pudéssemos observar o viajante na nave espacial por meio de telescópios suficientemente poderosos, veríamos sua vida ficando cada vez mais lenta quase a ponto de parar. Tanto um observador na Terra quanto o viajante teriam a impressão de que sua própria vida é que era normal, e a outra havia mudado.

Podia algo tão esquisito realmente acontecer? Muitos físicos – pelo menos os que se davam o trabalho de estudar a teoria de Einstein de alguma maneira – se opuseram a essa ideia a princípio. A física teórica ainda era um campo acadêmico muito restrito, e um de seus poucos professores, o eminente Arnold Sommerfeld, em Munique, escreveu confidencialmente a um amigo: "Esse dogmatismo ininterpretável e inimaginável [de Einstein] parece conter algo quase doentio. Um inglês dificilmente teria produzido essa teoria; talvez ela reflita … o caráter abstrato-conceitual dos semitas."[2]

No entanto, mesmo Sommerfeld, quando se debruçou sobre o raciocínio de Einstein, viu que ele era irrefutável. Não percebemos essas consequências estranhas porque elas tendem a ser visíveis apenas em velocidades extremamente elevadas, ou nos raros casos em que átomos são tão fragilmente construídos que podem se despedaçar, como ocorria com as amostras de rádio que tanto desconcertavam Marie Curie. Mas, se algum dia penetrássemos nesses domínios, veríamos que todas essas estranhas atividades que Einstein descrevia eram verdadeiras.

Os físicos podiam estar se deixando convencer pouco a pouco pelo pensamento de Einstein em meados de 1907, cerca de um ano e meio depois que o último dos artigos de seu *annus mirabilis* foi publicado, mas Von Laue foi o primeiro cientista importante a visitar Berna. Einstein aproveitou a oportunidade não apenas para socializar com a elite científica, mas também para ver se, fazendo-o, poderia encontrar uma maneira de se livrar do Departamento de Patentes e obter algum dos cargos acadêmicos que lhe haviam escapado por tanto tempo.

Tendo sido autorizado a fazer uma pausa no trabalho, ele e Von Laue caminharam pelas ruas de Berna analisando as últimas descobertas de Berlim, Heidelberg e outros centros científicos importantes. Einstein, como sempre, fumava às baforadas um charuto barato, e foi generoso o bastante para oferecer um a Von Laue. (Este, acostumado a tabaco de melhor qualidade, conseguiu "deixá-lo escapar" habilmente na lateral de uma ponte.) Mas, apesar das sugestões de Einstein, e apesar de suas polidas cartas subsequentes, não houve nenhum oferecimento de emprego após o encontro dos dois.

Einstein permaneceu no Departamento de Patentes, onde, a uma escrivaninha vertical comum, continuou trabalhando para o superintendente Haller, como já vinha fazendo havia meia década. Frustrado, suplicou a um velho amigo de seus primeiros tempos em Berna para se mudar de volta para lá e unir-se a ele no departamento. "Talvez seja possível introduzi-lo furtivamente no meio dos escravos das patentes", escreveu com entusiasmo. "Não esqueça que, além das oito horas de trabalho, cada dia tem também oito horas para vadiar ... Eu adoraria tê-lo aqui."[3] O amigo não aceitou o oferecimento.

Com as realizações de 1905 ficando mais distantes no tempo e o Departamento de Patentes continuando a ser um emprego de seis dias por semana – e a única biblioteca científica de Berna sempre fechada aos domingos –, Einstein poderia mais uma vez ter sentido que o mundo acadêmico lhe escapava. Não é que não tivesse tentado encontrar outro emprego. Sabia que o ensino numa escola secundária lhe proporcionaria um horário melhor, e, em sua agonia no Departamento de Patentes, bombardeou o amigo Marcel Grossmann com perguntas sobre como obter um emprego permanente numa escola suíça. Importaria o fato de que falava alemão comum e não o dialeto suíço? Deveria mencionar seus artigos científicos? Deveria visitar os administradores pessoalmente, ou o fato de parecer judeu atrapalharia? Quaisquer que tenham sido, os conselhos de Grossmann não ajudaram muito. Quando Einstein de fato se candidatou a uma escola secundária na cidade próxima de Zurique, havia mais vinte candidatos. Três deles foram selecionados para entrevistas posteriores. O funcionário das patentes Einstein não estava no grupo.

Einstein tentou também lecionar na Universidade de Berna. Em sua primeira tentativa, em junho de 1907, disseram-lhe que precisava ter concluído uma dissertação primeiro. Não tendo uma dissertação, ele enviou em vez disso cópias de seus artigos de 1905, pelo menos três dos quais eram merecedores do prêmio Nobel. Havia o de setembro, expondo a relatividade especial, bem como o de novembro, mostrando como $E=mc^2$ era uma consequência desta. Mas havia também um artigo em que ele apresentava uma magnífica compreensão dos fótons. Possivelmente um quarto artigo daquele ano – baseando-se em simples observações microscópicas para provar a existência de átomos – também mereceria um prêmio Nobel.* Mas os administradores da universidade escreveram de volta explicando muito claramente que talvez Herr Einstein não tivesse compreendido. Estava-se na Suíça. Havia exigências burocráticas. Ele era obrigado a enviar uma dissertação, não uma coletânea heterogênea de artigos. Sua solicitação foi rejeitada.

EMPACADO NO DEPARTAMENTO de Patentes, recebendo apenas visitas ocasionais de pessoas como Von Laue, Einstein não desistiu. Sabia que era atraído para problemas nos próprios limites da compreensão científica e que até as mentes mais notáveis cometiam erros. Sabia também que em 1905 já havia resolvido um dos grandes problemas da ciência: por que o universo estava dividido em tantas "partes" separadas. Sua extraordinária resposta fora que não estava: que massa e energia estão tão profundamente conectadas que uma podia ser vista como um diferente aspecto da outra. Ele tinha até revelado exatamente como o universo arranjava essa massa e energia inter-relacionadas para se deslocar de um lado para outro. Estava tudo tudo lá em $E=mc^2$.

Por achar que aqueles itens aparentemente não relacionados estavam interligados, Einstein estava preparado para mais uma façanha que o levaria a alturas ainda maiores. Se toda a massa e energia no universo estavam interconectadas – o que podemos pensar informalmente como todas as "coisas" estando conectadas –, por que ainda restava um domínio aparentemente separado de espaço vazio? Ter aquele segundo domínio situado ali

* O artigo de Einstein trata do movimento de partículas em um fluido, decorrente das colisões de átomos ou moléculas com essas partículas. Chamado movimento browniano, o fenômeno foi observado pelo botânico escocês Robert Brown (1773-1858) em 1827, ao analisar grãos de pólen em água. O trabalho de Einstein foi importante para se mostrar que átomos e moléculas existem. (N.R.T.)

ao lado daquelas coisas de massa e energia – ao lado de todas as locomotivas e planetas e fogo e estrelas do universo – não parecia muito unificado. Por que deveria a ciência se deter bruscamente sem reunir também todo o espaço e todas as "coisas" dentro dele, sob a rubrica de uma única e grande teoria?

Einstein começou a se perguntar sobre o cenário mais amplo em que toda a energia e toda a massa – todas as "coisas" do universo – se moviam. Alguma coisa as deveria estar canalizando, guiando. Isso parece impossível no espaço plano e vazio à nossa volta – mas e se houvesse alguma explicação para o modo como massa e energia se moviam de um lugar para outro nesse vácuo aparente? E se o espaço não fosse tão vazio e plano como parecia?

Para pensadores sensatos, essa investigação parecia impossível. Sabemos que a curva de uma onda do oceano pode fazer um barco tombar para um lado. Mas isso faz sentido porque a onda é apenas a superfície de um corpo de água maior, tridimensional. É em volta daquele corpo que a superfície da água está se curvando. Se as suspeitas de Einstein estivessem corretas, no entanto, e o espaço fosse de certa maneira curvo, a questão passaria a ser:

Em volta do que, possivelmente, ele está se curvando?

Para compreender a solução de Einstein – e a confiança que ele ganhou a partir dela, bem como os terríveis erros a que ela o conduziu –, é útil nos voltarmos para um tranquilo mestre-escola vitoriano chamado Edwin Abbott. Foi ele quem descobriu que, embora seja impossível visualizar uma dimensão superior às três em meio às quais vivemos, é possível ter uma pista de como poderíamos estar de fato existindo, sem saber, dentro de um universo assim, dotado de um número maior de dimensões.*

* A ideia de se entender a geometria de um espaço confinado a medidas em dimensões menores foi proposta em 1827 pelo matemático Carl Friedrich Gauss (1777-1855) e é chamada de *geometria intrínseca*. (N.R.T.)

PARTE II

"O pensamento mais feliz de minha vida"

Einstein e Mileva Marić com seu primeiro filho,
Hans Albert, em Berna, por volta de 1904

Interlúdio 1

O romance de muitas dimensões

Em 1884, Edwin Abbott, então diretor da City of London School, fez algo que na sociedade vitoriana era mais embaraçoso para um ilustre mestre-escola que sair à rua sem chapéu. Publicou um romance que tinha um herói de apenas 28 centímetros de altura e que vivera toda a sua vida numa vasta folha de papel, "em que Linhas retas, Triângulos, Quadrados ... Hexágonos e outras figuras moviam-se livremente de um lado para outro, ou na superfície, mas sem o poder de se elevar acima ou cair abaixo dela". Esse mundo era chamado Planolândia, e seu autor, como os londrinos ficaram sabendo quando o livro foi publicado pela primeira vez, era "A. Square" [Um Quadrado], o pseudônimo de Abbott.

O livro era uma sátira social, e propunha uma maneira engenhosa para se imaginar um mundo físico que não podemos ver.

Os seres mais inferiores que vivem em Planolândia são as linhas retas, cujas pontas afiadas e penetrantes devem ser evitadas a todo custo. Um nível social acima delas estão os trabalhadores: longos e estreitos triângulos, com 28 centímetros em seus principais lados – seres de pouca instrução e perigosos se provocados, mas em geral dóceis o bastante para fazer o que seus melhores lhes ordenam. Um nível acima deles estão os profissionais de classe média – médicos, professores e outros indivíduos respeitáveis. Eles têm a forma de quadrados, e o humilde narrador do livro é um deles. Mais um nível acima está a elite, que tem ainda mais lados – pentágonos, hexágonos e congêneres. No cume mais elevado da sociedade estão os círculos sacerdotais, que deslizam por onde desejam pela superfície, com humildes linhas e pontudos triângulos sendo instruídos a se afastar deles.

Quando a história começa, o sr. Quadrado está razoavelmente satisfeito com esse mundo plano, embora seja perturbado por um sonho que teve certa vez com um estranho outro mundo em que todas as criaturas viviam numa única linha unidimensional, como minúsculos trens confinados para sempre num único trilho. Aqueles pobres seres podiam compreender a ideia de mover-se para a frente e para trás, mas, diferentemente do sr. Quadrado, não podiam conceber que existisse uma "segunda" dimensão adicional que permitia movimento da esquerda para a direita. Quando o sr. Quadrado atravessava sua linha, podiam ver apenas fragmentos dele quando diferentes pontos ao longo de seu corpo bidimensional entravam e depois saíam de seu mundo unidimensional.

O sonho de Quadrado tornou claro para ele que visitantes de dimensões mais elevadas possuem maior poder que os confinados a dimensões inferiores. Se um ser como Quadrado estendesse a mão para a linha que visitava e arrancasse uma das criaturas de sua posição, os habitantes deixados para trás não teriam a menor ideia de onde fora parar o companheiro desaparecido. Depois, se Quadrado pusesse a criatura de Linhalândia de volta na linha, mas numa posição diferente, eles ficariam sem entender como fora possível que ela reaparecesse num novo lugar sem ter viajado através do espaço interveniente de nenhuma maneira que pudessem discernir.

Quando Quadrado despertou de seu sonho e viu que estava de volta à respeitável Planolândia, ficou contente por algum tempo. Ele era um homem bastante próspero, com sua casa própria, imponentemente bidimensional: uma casa que tinha uma entrada para ele mesmo e seus filhos, assim como – pois Planolândia era uma sociedade sexista, e as mulheres eram consideradas inferiores – uma porta extra, muito menor, para sua mulher e quaisquer outras mulheres que viessem a deslizar para dentro.

Tudo teria continuado muito bem, mas depois, como Quadrado se lembrou mais tarde na prisão:

"Era o último dia do 1999º ano de nossa era. O tamborilar da chuva [que bate apenas na parede das casas deles, pois não há nenhum conceito de algo como um telhado] anunciara havia muito o cair da noite; e eu estava sentado na companhia de minha mulher, refletindo sobre os eventos do passado e as perspectivas do ... século vindouro."

Ouviu-se um som estranho na casa deles, e depois, de repente, "[para] nosso horror ... vimos diante de nós uma Figura!". Ela não tinha deslizado por nenhuma das duas portas que davam entrada à casa. Em vez disso, de alguma maneira que nem Quadrado nem sua mulher podiam entender, simplesmente aparecera de repente dentro da sua sala. O estranho visitante logo começou a se transformar, deixou de ser um círculo muito pequeno para se tornar um muito maior. A mulher de Quadrado ficou aterrorizada, declarou que tinha de ir se deitar, e deslizou o mais depressa que pôde para fora da sala. O sr. Quadrado foi deixado sozinho com o estranho. Com adequada polidez, perguntou de onde viera seu estimado visitante. O estranho respondeu: "Venho [da Terceira Dimensão]. É para cima e para baixo."

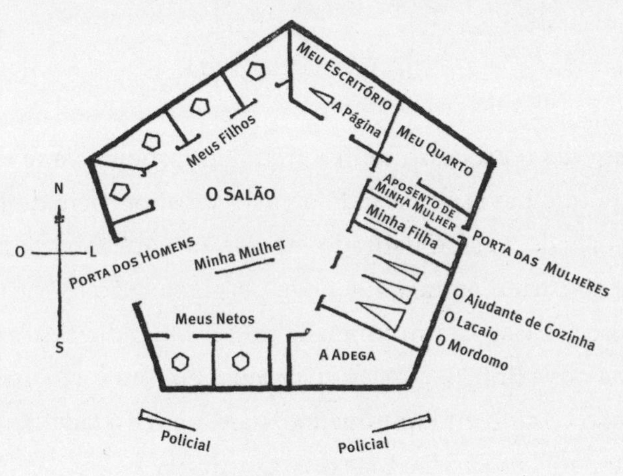

A casa do sr. Quadrado

Quadrado ficou confuso. Certamente, disse ao visitante, ele devia estar querendo dizer que vinha do norte ou do sul, ou possivelmente da esquerda ou da direita. Mas o visitante foi insistente: "Não quero dizer nada disso. Refiro-me a uma direção em que você não pode olhar."

Quadrado pensou que o visitante tentava fazer uma piada, mas novamente ele foi inflexível. "Senhor, ouça-me. Você está vivendo num Plano. O que chama de Planolândia é a vasta superfície plana … [sobre] a qual você e seus compatriotas se deslocam, sem se elevar acima ou cair abaixo dela."

Para provar o que dizia, o visitante disse que iria se mover desde abaixo de Planolândia, atravessá-la, e depois pairar sobre o topo. Quando isso aconteceu, o que Quadrado viu o assombrou. O visitante se transformou de um grande círculo num círculo menor, depois num ainda menor, acabando como um simples ponto minúsculo.

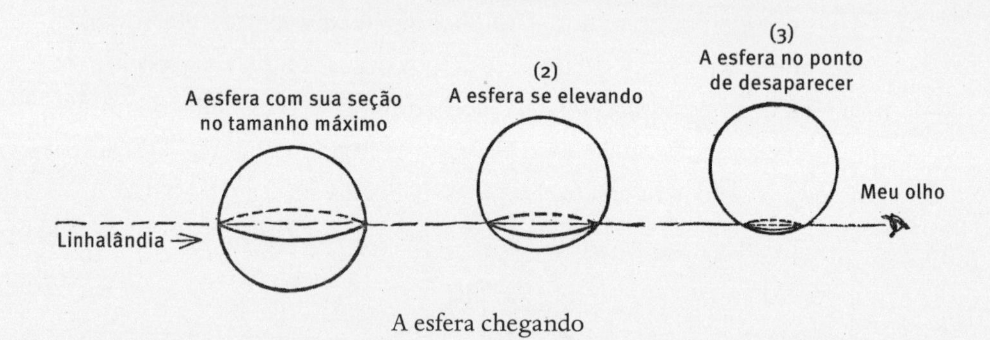

A esfera chegando

Em seguida o processo se inverteu. Nós sabemos que o visitante era uma esfera que havia se movido através da superfície de Planolândia e depois retornado. O sr. Quadrado, no entanto, só tinha sido capaz de ver uma série de cortes laterais. Ele ficou perplexo. Não foi surpresa para ele quando as criaturas na unidimensional Linhalândia ficaram espantadas ao ver uma nova linha aparecer de repente em seu meio. Isso ocorria porque elas não compreendiam que existiam na realidade na mais ampla e bidimensional Planolândia. Mas o sr. Quadrado estava convencido de que as coisas só chegavam até esse ponto. Não podia imaginar que ele mesmo existia na realidade dentro de um espaço tridimensional mais amplo.

O visitante se deu conta de que precisava fazer mais uma demonstração. O sr. Quadrado guardava seus livros de contabilidade num amplo cômodo (o escritório) de sua casa. O estranho visitante lhe pediu para fechar e trancar a porta para esse cômodo. Em seguida disse que iria se elevar para uma terceira dimensão, que existia invisivelmente "acima" de Planolândia. De lá, desceria para o cômodo trancado (que não tinha telhado, é claro, pois num mundo bidimensional não existia nada do gênero) e pegaria os livros de contabilidade.

O sr. Quadrado não acreditou nele. Era verdade que, em seu próprio sonho sobre Linhalândia, ele tinha sido capaz de estender a mão e agarrar coisas que para as inferiores criaturas da linha pareciam desaparecer subitamente. Mas isso era porque podia dar a volta completa em torno delas na excitante Planolândia bidimensional, e elas estavam presas num limitado espaço unidimensional. Porém nada similar podia acontecer aqui, tinha certeza, pois o que poderia existir além de Planolândia? Quando o visitante ficou menor e depois desapareceu, o sr. Quadrado pôs mãos à obra.

"Corri ao [escritório] e abri a porta. Um dos blocos tinha desaparecido. Com uma risada zombeteira, o Estranho apareceu no canto do cômodo, e no mesmo instante o bloco apareceu no chão. Peguei-o. Não podia haver dúvida – era o bloco que tinha desaparecido. Gemi horrorizado, perguntando-me se não teria enlouquecido."

E, nesse momento, Quadrado estava finalmente pronto para compreender a verdade. O estranho visitante explicou.

"O que você chama de Espaço nada mais é que um grande Plano. Eu estou no [verdadeiro] Espaço, e olho para o interior das coisas de que você só vê os lados de fora. Você mesmo pode sair do Plano. Um ligeiro movimento para cima ou para baixo lhe permitiria ver tudo que posso ver."

O estranho seguiu em frente e levantou-o.

"Um horror inexprimível tomou conta de mim", lembrou o sr. Quadrado. "Houve uma escuridão; depois uma sensação de tonteira, náusea."

A esfera lhe disse para abrir os olhos e tentar olhar firme. E quando ele obedeceu:

"Olhei [para baixo], e, veja, um novo mundo! ... Minha cidade natal, com o interior de cada casa e cada criatura dentro dela, em miniatura, estavam abertos à minha visão."

Ele finalmente percebeu que o mundo inteiro que havia conhecido antes era composto unicamente de pequenas formas geométricas que deslizavam para cá e para lá na superfície de uma folha plana. Enquanto estivera vivendo ali embaixo, ele não o reconhecera, pois isso só fazia sentido quando ele subia para a dimensão mais elevada. É um princípio geral: o que parece esquisito para uma criatura que vive numa dada dimensão faz todo sentido se essa criatura puder contemplá-la a partir da dimensão mais elevada subsequente. Criaturas que desapareciam de Linhalândia e reapareciam em novos lugares eram desconcertantes para os residentes daquele reino da linha reta, mas faziam sentido quando vistas a partir de Planolândia. De maneira semelhante, o que Quadrado experimentou com seu visitante – objetos desaparecendo magicamente de cômodos trancados – fez sentido depois que ele compreendeu que não existia apenas na Planolândia, a que estava acostumado e podia ver, mas que ela era apenas uma parte de uma Esferalândia muito mais ampla, que ele jamais havia sido capaz de imaginar.

Depois que voltou para casa, no entanto, Quadrado não conseguiu fazer sua família ou qualquer outra pessoa compreender o que tinha visto. Com o passar do tempo, percebeu também, para seu sofrimento, que estava começando a esquecer sua experiência reveladora. "Cerca de onze meses após meu retorno de Espaçolândia, tentei visualizar um Cubo com os olhos fechados, mas fracassei; e, embora tenha conseguido mais tarde, não tive então plena certeza (nem jamais voltei a ter depois) de que havia percebido exatamente o original. Isso me deixou ainda mais melancólico que antes."

A história de Quadrado não terminou bem. Ele foi finalmente conduzido perante o Conselho Superior, onde descobriu que os sacerdotes de Planolândia sabiam que eles existiam em apenas duas dimensões. Mas, como não queriam deixar que a notícia vazasse – por medo de rebelião –, e como a seus olhos o sr. Quadrado não era digno de confiança, nosso intrépido explorador foi trancafiado.

"Sete anos se passaram e ainda sou um prisioneiro", diz ele na página final do livro. Sua única esperança é "que estas memórias, de alguma maneira, não sei como, possam encontrar seu caminho até as mentes da humanidade … e incitar uma raça de rebeldes que haverão de se recusar a permanecer confinados na limitada Dimensionalidade".

A ANALOGIA DE PLANOLÂNDIA É, evidentemente, com nosso próprio mundo. Abbott queria que os ingleses questionassem os privilégios da classe dominante, considerados tão naturais que com frequência pareciam inteiramente invisíveis. Os fragmentos de linha reta que viviam em Linhalândia não podiam ver que havia um mundo bidimensional mais amplo além deles. Os quadrados, pentágonos e triângulos que viviam em Planolândia não podiam ver que havia um mundo tridimensional mais amplo além deles.

É por isso que os leitores não deveriam se sentir mal por serem incapazes de visualizar o espaço curvo. Ninguém pode visualizá-lo, nem mesmo um Einstein. Abbott simplesmente quis dizer que até nossos maiores cientistas poderiam ser tão míopes quanto a civilização da Planolândia do sr. Quadrado. Sendo também um cristão devoto, Abbott não se importava se leitores vissem paralelos com crenças religiosas – a chegada do Logos em João 1:1, os milagres, a Ascensão – que podiam parecer impossíveis quando limitadas ao espaço tridimensional.

Foi por volta da época da publicação de Planolândia que especulações sobre geometrias diferentes penetraram na cultura popular. Nas histórias de Sherlock Holmes, o cruel criminoso professor Moriarty é um especialista em matemática com provável conhecimento de geometria não euclidiana. Em *Os irmãos Karamázov*, de Dostoiévski, ao tentar explicar o problema do mal para Aliócha, seu irmão mais simples, Ivan diz: "Eu tenho uma mente terrena, euclidiana. Como poderia solucionar problemas que não são deste mundo? E aconselho-o a nunca pensar sobre isso também, meu querido Aliócha, especialmente sobre Deus, se Ele existe ou não. Todas essas questões são completamente inadequadas para uma mente criada com uma ideia de apenas três dimensões."

Para a maior parte dos físicos, no entanto, a questão da existência real de diferentes geometrias permanecia sem sentido. Ivan Karamázov era um personagem da imaginação de Dostoiévski. O professor Moriarty não existiu. Os cientistas puderam seguir adiante com seu trabalho, imperturbados pelas visões que haviam abalado o outrora feliz e satisfeito burguês sr. Quadrado.

O mundo oculto que esses seres haviam vislumbrado, contudo, era exatamente o que Einstein precisaria enfrentar se quisesse resolver os problemas com que começara a se debater no Departamento de Patentes depois de finalmente se recobrar dos esforços que levaram a seu $E=mc^2$.

5. Vislumbrando uma solução

Em 1907, dois anos haviam se passado desde que Einstein publicara sua série de artigos – dois anos desde que ele unira os domínios da massa e energia, mostrando que podiam ser vistos como apenas uma única categoria de "coisas" interconectadas, transformando-se quando precisavam em estrita conformidade com sua equação $E=mc^2$.

As teorias de Einstein eram poderosas, por certo, mas deixavam aberta a questão de por que a unidade do universo não ia mais longe, e essa questão permaneceu sem solução em 1907. Todas essas "coisas" de massa e energia existem num domínio circundante de "espaço vazio". Por que teria Deus – ou as forças, sejam elas quais forem, que fundaram o universo – decidido que deveria haver duas categorias completamente desvinculadas: "coisas" de um lado e "espaço vazio" de outro? Se energia e massa eram inter-relacionadas, por que coisas e espaço não o seriam também?

Para Einstein, ainda enraizado numa religião para a qual uma única divindade criou tudo, isso não fazia sentido. Assim ele voltou ao trabalho.

O novo projeto que iniciou no Departamento de Patentes em 1907 produziria uma nova teoria. Esta seria chamada relatividade geral, em contraste com o trabalho mais restrito que ele havia publicado em setembro e novembro de 1905, que lidava com relatividade especial e suas consequências. O segundo e mais amplo esforço de Einstein iria revolucionar a física de maneiras que ainda estamos tentando dominar atualmente. Esse período de sua vida o levaria a altitudes criativas que superaram em muito seu $E=mc^2$ – mas levaria também, ao fim e ao cabo, a seu declínio.

O GÊNIO OPERA de maneira indireta. No trabalho, Einstein gostava de fechar os olhos, desligar-se do arranhar de canetas-tinteiro em seu escritório e dos constantes ruídos de reprovação de Herr Haller enquanto patrulhava as mesas de trabalho, para poder pensar mais claramente. Em certa altura de 1907, porém, ele tinha mantido os olhos abertos enquanto refletia, e vira alguns operários subindo numa escada até a borda de um telhado próximo, ou apenas os imaginara sobre o telhado. Em alguma indecifrável combinação de neurônios se excitando, lembrou ele mais tarde, de repente "ocorreu-me o pensamento mais feliz de minha vida".[1]

Einstein começou a pensar sobre cair do telhado de uma casa. Se a casa fosse muito alta, depois que você caísse além da borda, nem você nem qualquer outra pessoa que estivesse caindo a seu lado seria capaz de distinguir, sem olhar para os arredores, se estava se movendo ou não. Se você estivesse de mãos dadas com seus parceiros, e depois se soltasse, seus parceiros permaneceriam na mesma posição, tão aparentemente "estacionários" quanto você. Você se sentiria sem peso, e eles também.

Essa seria sua perspectiva à medida que caísse. Mas, se uma pessoa no chão estivesse olhando para cima, não só veria você caindo rapidamente a prumo, mas ela mesma, é claro, não estaria sem peso. Ela pesaria tanto quanto pesava antes que você escorregasse do telhado.

Por que, perguntou-se Einstein, a pessoa no chão iria sentir a gravidade e você subitamente *não* a sentiria? A gravidade não poderia ter desaparecido de repente à sua volta quando você escorregou do telhado.

Tinha de haver uma maneira de compreender isso melhor, e o livro de Abbott, *Planolândia*, fornece um ponto de partida. Muitos dos personagens no livro existem incrustados em dimensões mais elevadas do que reconhecem, o que significa que há "curvas" orientadoras em suas próprias dimensões que explicam o que de outro modo poderia parecer misterioso. Considere os seres inferiores que vivem na unidimensional Linhalândia, existindo como pequeninos trens num trilho estreito. Seus maiores gênios ficariam perplexos se descobrissem que depois de grandes viagens seguindo sempre em frente eles de alguma maneira acabavam sempre retornando exatamente ao lugar onde tinham começado. Mas isso faria perfeito sentido para um observador de uma dimensão mais elevada, como o sr. Quadrado, que visse que o trilho do trem em que os seres de Linhalândia viviam estava na realidade se curvando no espaço bidimensional e formava um círculo. "Estamos", como disse Abbott na introdução de seu *Planolândia*, "todos sujeitos aos mesmos erros, todos igualmente Escravos de nossos respectivos preconceitos Dimensionais."

A conclusão é clara. Caso se movam através de dimensões mais elevadas, os objetos podem ser guiados de maneiras que parecem incompreensíveis para eles próprios. Aqui na Terra, em nosso universo tridimensional, *pensamos* que uma força invisível de gravidade está se estendendo para cima a partir do centro de nosso planeta e nos puxando para baixo. Mas e se o que está realmente acontecendo é que, quando caímos, estamos deslizando ao longo de algum caminho curvo no espaço – uma curva que nos é impossível perceber diretamente, mas que a análise matemática poderia ser capaz de revelar? Esse seria um vínculo fantástico entre Coisas e Espaço: alguma espécie de curva ou canal existindo no Espaço e ao longo da qual as coisas deslizam quando se movem.

O grande Sir Isaac Newton nunca ficou convencido de que realmente compreendera como a gravidade funcionava. Se pudesse desenvolver suas próprias ideias sobre canais invisíveis no Espaço que guiariam cada movimento nosso, inclusive nossos tombos na gravidade, Einstein teria superado Newton.

Era uma perspectiva fabulosa. Num grande artigo de revisão em 1907, ele começou a expandir seu trabalho de 1905 sobre relatividade especial para incluir alguns desses novos pensamentos sobre gravidade, mas teve de parar antes de ter desenvolvido adequadamente suas ideias. O Departamento de Patentes estava se provando um ambiente de trabalho impossível. Não que ele fosse particularmente delicado em matéria de necessidade de silêncio para se concentrar. Mesmo no meio de um grupo ruidoso, Einstein tinha a capacidade de, como Maja descreveu, "recolher-se no sofá, empunhar caneta e papel, equilibrar o tinteiro precariamente no braço do móvel e se perder … num problema".[2] Em certa altura, quando ele estava na casa dos vinte anos, um visitante ao seu apartamento descreveu-o sentado numa grande poltrona, balançando o filho na mão esquerda, escrevendo suas equações numa superfície plana com a mão direita e mantendo um charuto aceso enquanto soltava baforadas sobre o bebê, as equações e o novo visitante.

As relações entre Espaço e Coisas, no entanto, eram simplesmente demais para resolver naquelas horas dispersas da noite de que dispunha. Às vezes ele ainda conseguia escapar do superintendente Haller, abrir furtivamente a gaveta da escrivaninha e tirar papéis de seu autodenominado Departamento de Física Teórica. Mas Haller parecia estar exercendo uma vigilância mais rigorosa sobre os funcionários, e com demasiada frequência Einstein tinha de bater a gaveta antes de ter tido tempo de fazer qualquer trabalho sério.

Agora havia também uma outra razão, mais pessoal, para procurar um emprego melhor. Embora a visita de Von Laue em 1907 não tivesse conduzido a outro trabalho, quando 1907 deu lugar a 1908 a reputação de Einstein estava crescendo, e mais visitantes começavam a aparecer. Estes não eram como os amigos que ele e Marić haviam adquirido juntos em seus primeiros anos de casamento – amigos com quem passeavam ou compartilhavam refeições. Nem eram como Grossmann, da Politécnica, com quem o casal podia relembrar seus dias de estudantes. Os novos visitantes vinham para conversar com Einstein, e apenas com ele.

Marić não era mais uma colega estudante de ciência, muito mais inteligente e instruída que praticamente qualquer outra mulher que conheciam. Era apenas a sra. Einstein, a ser tratada polidamente quando servia cerveja ou chá, mas depois ignorada.

Isso era difícil para Marić. Ela não estava no nível de destreza matemática de Marcel Grossmann, mas tinha sido uma estudante forte, perfeitamente à vontade com cálculo avançado, mecânica estatística e coisas do tipo. Naquela época, ela e Einstein sonhavam em trabalhar juntos. Mesmo em 1905, ela havia verificado os artigos mais importantes dele, pois o marido confiava em seu olho de lince para erros matemáticos. Quando o último artigo de Einstein foi concluído, eles tinham saído e comemorado não como pais sérios, mas como estudantes exuberantes mais uma vez, como demonstra seu cartão sobre terem acabado completamente bêbados.

Marić tentou combater sua tristeza com essa mudança, escrevendo para uma amiga: "Com esse tipo de fama, não lhe sobra muito tempo para a mulher ... Mas o que se pode fazer?"[3] Também deve tê-la magoado ver que uma equipe de marido e mulher, os Curie, em Paris, *tinha* acabado de ganhar o prêmio Nobel – exatamente o sonho que fora preciso pôr de lado quando ela precisou de tanto tempo para cuidar de seu filho com Einstein.

Mais dinheiro para o cuidado da criança iria apenas ajudar a liberar tanto Einstein quanto Marić para o trabalho por que ansiavam. Assim, finalmente Einstein engoliu seu orgulho e entrou em contato com a Universidade de Berna de novo. Eles haviam rejeitado sua primeira solicitação de um posto de docente porque a apresentação da teoria especial da relatividade não atendia a seus requisitos. Agora ele apresentou a dissertação mais convencional que eles desejavam e foi aceito para dar o nível mais inferior de aulas. Não haveria nenhum pagamento, afora alguma contribuição que os alunos que assistissem às aulas pudessem dar. Ele ainda tinha de continuar no Departamento de Patentes, mas era um começo.

Seu primeiro curso foi na primavera de 1908, as aulas tendo lugar às terças-feiras e sábados, desesperadamente cedo: às sete horas da manhã. Quando pareceu que ninguém compareceria, o sempre leal Michele Besso, assim como mais dois amigos do Departamento de Patentes, decidiu assistir. Depois que a aula do dia terminava, eles se reuniam com o professor para tomar um café rápido e em seguida descer o morro às pressas para trabalhar.

No período do inverno no ano seguinte, reuniu-se a eles um aluno verdadeiro, o que foi muito empolgante, mas, quando esse aluno abandonou o curso, parece que a irmã de Einstein, Maja, prontamente passou a comparecer às aulas para evitar que as autoridades da universidade cancelassem o curso do irmão. Ela não entendia uma palavra do que ele estava dizendo, e, como Einstein não cobraria de Besso ou da irmã, o dinheiro em casa continuou curto. "Não está claro para todos que meu marido está quase se matando de trabalhar?",[4] respondeu Marić lealmente quando uma amiga comentou que ela devia contratar uma empregada para ter mais tempo livre.

Felizmente, não demorou para que chegassem notícias de que um cargo adequadamente remunerado poderia estar disponível na Universidade de Zurique, a apenas cem quilômetros de distância. Isso, contudo, exigiria que um professor de Zurique viesse e assistisse Einstein dando aula. Era uma preocupação. Para Einstein sempre fora imprevisível se ele daria uma boa aula, "em razão de minha má memória".[5] Chegado o grande dia, quando Einstein voltou para casa depois, Marić perguntou como as coisas tinham se passado. A notícia não foi boa. "Estar sendo investigado me deixou nervoso", explicou ele, "certamente não dei uma aula divina."

Por fim Zurique cedeu, em grande parte porque um número cada vez maior de físicos em toda a Europa estava reconhecendo a força dos artigos de Einstein. Mais ainda, quando o candidato a professor de física da própria universidade compreendeu que a faculdade poderia rejeitar Einstein, esse candidato – Friedrich Adler, um velho conhecido dos tempos da Politécnica – teve o mérito de retirar sua candidatura: "Se é possível obter um homem como Einstein para nossa universidade, seria absurdo me nomear."[6]

Assim foi que em 1909, após sete bíblicos anos de servidão, Einstein finalmente teve condições de deixar o reino dos escravos das patentes e assumir seu primeiro emprego propriamente acadêmico numa universidade. Haller parece ter ignorado quase completamente a crescente fama de Einstein, e em conformidade com o trabalho burocrático comum o promovera apenas à posição de especialista técnico de segunda classe, embora, antes de Einstein sair – talvez num esforço para mantê-lo? –, tenha insinuado que as excelsas alturas do especialista técnico de primeira classe poderiam algum dia estar a seu alcance. Ao abandonar o escritório de Haller, no entanto, Einstein poderia agora, finalmente, continuar sua investigação: ver se as partes mais profundas do universo eram realmente ligadas, por curvas ou caminhos que ninguém imaginara antes.

6. Tempo para pensar

Em 1909, o ano em que se transferiu do Departamento de Patentes para a Universidade de Zurique, Einstein tinha trinta anos e Marić, 34. Berna tinha sido atraente, mas era também isoladora: na verdade, não passava de uma cidade pequena demasiado crescida. Zurique era uma verdadeira cidade, e muitos de seus amigos dos tempos da Politécnica ainda viviam lá. Esse fato por si só parecia de bom agouro.

A mudança provou-se rejuvenescedora, e por algum tempo a vida foi tão emocionante quanto havia sido logo após o casamento. Eles conheceram Carl Jung, o que poderia ter sido excelente para Marić, pois seu primeiro interesse, antes da física, tinha sido medicina, e assim eles tinham potencialmente muito em comum. Mas, quando Jung convidou os Einstein para jantar em sua casa, ignorou Marić quase por completo e concentrou-se apenas em Einstein, tentando convencê-lo de suas próprias ideias psicológicas. Einstein não gostou disso, e eles nunca voltaram.

Os Einstein tiveram mais sorte com um especialista em medicina forense na universidade, Heinrich Zangger, um homem engenhoso – um dos fundadores da medicina de emergência – cuja variedade de interesses impressionou Einstein enormemente. Melhor ainda, os Einstein mudaram-se para o mesmo edifício em que morava a família do defensor acadêmico de Albert, Friedrich Adler, que notou o bom humor no apartamento do casal. "Estamos em ótimos termos com [os Einstein], que moram acima de nós", escreveu Friedrich para o pai. "Eles mantêm um lar boêmio."[1]

O salário da Universidade de Zurique era melhor que o do Departamento de Patentes, mas Einstein e Marić sabiam ambos que era importante que ele não fosse despedido por não dar boas aulas. Ele ainda se vestia de maneira diferente da dos outros membros da faculdade em Zurique, com calças curtas demais e cabelo desgrenhado, mas tanto ele quanto Marić gostavam da ideia de que estavam longe de ser um casal burguês comum. Einstein preparava suas aulas com mais cuidado do que em Berna, e não confiava em sua má memória; em vez disso, como lembrou um aluno, o dr. Einstein levava "um pedaço de papel do tamanho de um cartão de visita, em que delineava o terreno que pretendia cobrir conosco".[2]

Principalmente, Einstein tratava seus alunos com bondade. A Europa anterior à Primeira Guerra Mundial tinha hierarquias rigorosas, e os professores não encorajavam perguntas, certamente não da parte de estudantes comuns. Einstein, no entanto, sempre desdenhara pessoas que agiam de modo superior porque seu status social o permitia. Em Zurique, estimulava seus alunos a interromperem-no sempre que tivessem uma dúvida; convidava-os para ir a cafés depois da aula a fim de continuar a conversa, ou simplesmente para melhor conhecê-los; com frequência os levava à sua casa para compartilhar sua pesquisa mais recente. Eles gostavam disso. Ele também lutava contra a intimidação. Uma aluna, alguns anos mais tarde, lembrou como ficara nervosa antes de dar um seminário. Einstein fez-lhe um aceno de cabeça encorajador da assistência, como se para dizer: "Vá em frente, você vai se sair bem."[3] Quando um aluno arrogante tentou obter pontos rebaixando-a, Einstein o deteve, dizendo: "Engenhoso, mas não verdadeiro", e em seguida a encorajou a continuar.

O novo apartamento da família Einstein em Zurique era maior que o de Berna, e com esse espaço, mais sua afeição renovada, eles logo tiveram um segundo filho, chamado Eduard. Um aluno visitante lembrou que, quando os dois meninos faziam barulho demais para Einstein se concentrar, o jovem professor sorria, pegava o violino – a arma infalível do bom pai – e os tranquilizava tocando suas melodias favoritas. Ele e Marić chamavam os filhos *die Barchën*, "os ursinhos".

Em 1911 um emprego melhor apareceu, na Universidade Alemã em Praga, e assim a família voltou a se mudar. Agora o salário de Einstein permitia-lhes morar num apartamento de fato excelente – o primeiro com luzes elétricas –, e ele passou a ter ainda mais tempo, entre suas obrigações administrativas, para simplesmente pensar.

Praga foi sob alguns aspectos um alívio temporário para Einstein, mas foi muito menos agradável para a eslava germanófona Marić, especialmente por causa da frieza entre falantes do alemão e do tcheco na cidade. O nacionalismo tcheco estava crescendo, mas a minoria alemã tinha o controle de muitas posições de poder. Tchecos perfeitamente bilíngues muitas vezes se recusavam a falar alemão, para desconcertar aqueles, como Marić, que se atreviam a tentar fazer suas compras na cidade sem saber tcheco; os germanófonos, de maneira ainda mais abominável, passaram a depreciar todos os eslavos, o que evidentemente incluía Marić. O próprio fato de haver uma "Universidade Alemã" demonstrava o problema, pois ela tinha sido criada quando uma "Universidade Tcheca" diferente se separara da mesma instituição, e agora – embora Einstein fizesse questão de franquear seu curso para estudantes tchecos – a maioria dos professores se recusava a falar com quem quer que fosse da universidade rival. Havia um pequeno grupo literário judaico na cidade que tentava permanecer neutro. Foi num de seus salões que Einstein conheceu Franz Kafka, embora, ao que parece, Kafka fosse tímido demais para dizer alguma coisa a esse estrangeiro descontraído e já respeitado. Sobre o que poderiam ter conversado, caso contrário, podemos somente imaginar.

Praga pode não ter sido o lugar mais fácil para os Einstein viverem, mas pelo menos lá Albert foi capaz de levar adiante seus experimentos mentais. Ele já tinha alguma ideia de que o próprio espaço era distorcido de alguma maneira, o que explicaria o que estava imaginando sobre a gravidade, mas ainda não pudera elaborar os detalhes. Também tinha alguma noção de que, por causa dessas distorções, a luz de estrelas distantes se curvaria se viajasse nas proximidades do Sol, mas não podia ter absoluta certeza sobre os detalhes disso tampouco.

Uma coisa que ajudou, muito curiosamente, veio de um gênero de histórias de aventura em que um explorador heroico é drogado, depois desperta aturdido e tem pouco tempo para descobrir onde está. Einstein usou essa ideia. Suponhamos, imaginou, que alguém de fato acordasse num quarto fechado sem janelas: que tivesse sido drogado e não tivesse nenhuma lembrança de como fora parar ali. Não pode sentir nenhuma gravidade; está simplesmente flutuando na sala.

Há alguma maneira que lhe permita descobrir onde está?

Uma possibilidade, compreenderia o explorador heroico, é que ele esteja em algum lugar no espaço distante, ou além do sistema solar e longe de qualquer fonte grande e maciça de gravidade como o nosso Sol ou mesmo Júpiter. Mas outra possibilidade é que ele esteja simplesmente no elevador de um edifício, como aqueles nos novos arranha-céus que se construíam então nos Estados Unidos, e um canalha cruel tenha cortado o cabo, de modo que ele está caindo do ponto mais alto do poço do elevador. Se o quarto for totalmente fechado, e ele estiver flutuando livremente, ele não tem como distinguir uma situação da outra. Isso é como os trabalhadores que Einstein imaginara caindo do telhado em Berna. Quando estão no ar, incapazes de olhar em volta ou sentir o movimento do ar, a única coisa que sabem é que estão desprovidos de peso. Se estão a quilômetros ou apenas a centímetros do chão, não podem discernir.

Há uma maneira, no entanto, Einstein compreendia agora, pela qual nosso intrépido herói pode descobrir onde está sem ser capaz de olhar para fora de seu quarto lacrado. Ele só precisa de duas maçãs. Pôr uma maçã em cada mão, abrir os braços e em seguida soltá-las.

Se as duas maçãs permanecerem pairando perfeitamente imóveis, ele saberá que está realmente longe, na remota vastidão do espaço exterior, distante de quaisquer planetas recortados por rochas. Terá bastante tempo para construir uma máquina e se pôr em segurança.

Mas, se o herói soltar as maçãs e, em vez de pairarem no mesmo lugar, elas começarem a se mover de maneira muito lenta, mas indubitável, em direção a ele – se ele souber que não é uma corrente de ar que está produzindo esse efeito, ou suas próprias tensas exalações –, então compreenderá que está num grave apuro. Somente uma coisa pode levar duas maçãs que começam inteiramente paralelas a ele começarem a se aproximar estranhamente dele. Tem de haver uma fonte central de gravidade em algum lugar abaixo, uma fonte para a qual cada maçã está se dirigindo desde seu próprio ponto de partida.

Podemos ver o efeito de maneira mais forte se o imaginarmos acima da Terra.

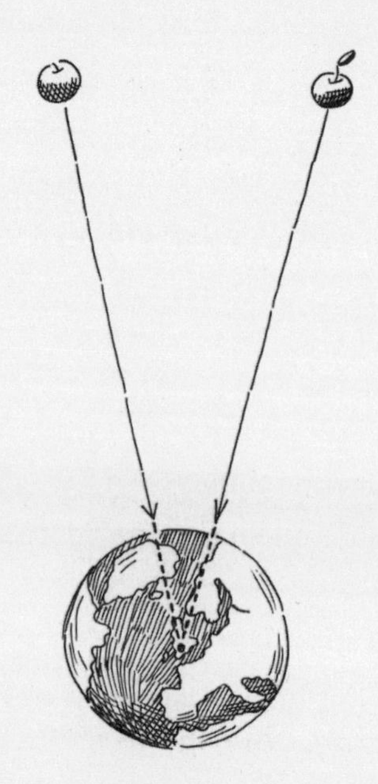

A conclusão é infeliz, mas também inequívoca. Quando esse mesmo efeito aparece em miniatura, fica claro para nosso herói que ele deve estar no elevador em queda livre. A qualquer momento agora, ele, as maçãs e todo o quarto vão se chocar da maneira mais dolorosa contra o chão.

Olhar para o modo como as maçãs se movem é, para o explorador, uma maneira engenhosa de deduzir se ele está se movendo em direção a uma fonte gravitacional como nosso planeta ou se está longe no espaço distante. Mas há um enigma. Ele não sente absolutamente nenhuma força enquanto flutua livremente. No entanto, alguma coisa está fazendo as maçãs que flutuam livremente da mesma maneira moverem-se em direção a ele, e se ele não sente nenhuma força, é natural pensar que elas tampouco sentem.

Como pode o espaço vazio dentro de um elevador imaginário levar objetos como as maçãs que flutuam livremente a começar a deslizar uma em direção à outra, ainda que, para o explorador que está lá com elas, elas estejam obviamente apenas suspensas no ar vazio?

Ao lutar com esse problema, Einstein estava aprendendo muito sobre seu próprio processo criativo. Pensadores foram classificados muitas vezes como jogadores de golfe ou de tênis. Os jogadores de golfe trabalham por conta própria; os de tênis precisam de interação. Newton jogava golfe; Watson e Crick – como muitos compositores e letristas – eram jogadores de tênis. Einstein jogara golfe por tempo suficiente. Conseguiu fazer algum progresso no problema por conta própria, mas precisava colaborar com alguém se quisesse ir mais longe.

A quem poderia recorrer? Marić não podia ajudar, pois embora tivesse sido capaz de verificar seus artigos anteriores, tendo alcançado uma boa compreensão de matemática e física em seus estudos de graduação na Politécnica de Zurique, esse problema ia muito além do que qualquer dos dois tinha aprendido ali. Besso seria excluído pela mesma razão, pois, embora tivesse sido, como Einstein dissera, "a melhor caixa de ressonância na Europa",[4] sua falta de ambição e atitude voluntariosa em relação a estudo sério significavam que também ele não sabia o bastante, ou não aprenderia o bastante, para ser útil.

A pessoa de quem Einstein realmente precisava no longo e vagaroso caminho que o conduziria à relatividade geral era Marcel Grossmann, o amigo que lhe oferecera apontamentos de aula na época em que estavam ambos na graduação. Após um período como professor no ensino secundário, Grossmann fora para a escola de pós-graduação estudar matemática avançada, e desde então permanecera na academia, acabando como professor de matemática na velha Politécnica de Zurique, recém-elevada à condição de universidade plena e conhecida por suas iniciais em alemão como ETH. Os dois homens tinham estado em contato algumas vezes na década transcorrida desde então, como quando Grossmann ajudou Einstein a obter um emprego no Departamento de Patentes de Berna ou o auxiliou em suas tentativas frustradas de dar aulas no curso secundário, mas em geral andavam afastados. Einstein, contudo, ainda tinha o maior respeito pelos talentos de Grossmann. Se pudesse obter novamente um cargo na Suíça, poderia se beneficiar da proximidade com ele.

Os Einstein tinham uma razão adicional e pessoal para planejar uma mudança. Deixar seus amigos de Zurique para trás pusera demasiada pressão sobre seu casamento. A frieza que tinham experimentado em Praga da parte tanto dos que falavam tcheco quanto dos que falavam alemão tampouco havia ajudado, e Einstein e Marić estavam ambos sentindo a distância. Quando uma grande conferência se realizou em Bruxelas, reunindo a maior parte dos principais físicos da Europa, Einstein não levou Marić, ainda que isso a pudesse ter posto na companhia das grandes mentes que ela tanto admirava: Ernest Rutherford, de Manchester, Max Planck, de Berlim e, é claro, a bem-sucedida física que ela nunca tivera a chance de tentar se tornar, Marie Curie, de Paris. Marić escreveu para o marido enquanto ele estava fora, a carta transportada pelos rápidos trens a vapor que cruzavam o continente: "Eu teria amado imensamente ouvir um pouco, e ter visto todas essas excelentes pessoas. Faz uma eternidade que não nos vemos … Você ainda vai me reconhecer?"[5]

Talvez retornar a Zurique trouxesse de volta o calor que eles tinham tido. Portanto, Marić ficou radiante quando Einstein conseguiu uma posição de docente na ETH, a instituição que apenas pouco tempo antes não quisera ter nada a ver com ele. A família fez as malas e se mudou de volta em 1912.

Pouco depois de chegarem a Zurique, Einstein entrou de supetão no escritório do amigo e disse: "*Grossmann, Du musst mir helfen, sonst werd' ich verrückt!* (Grossmann, você tem de me ajudar, ou vou enlouquecer!)"[6] Grossmann estava disposto a ajudar. Einstein agora tinha um cargo conveniente na ETH, a velha Politécnica, bem ao lado do velho amigo e patrocinador – e, agora, colega professor também.

7. Afiando as ferramentas

O PRIMEIRO PASSO DE GROSSMANN foi ajudar Einstein a se pôr em dia com a matemática que ele perdera em seus tempos de estudante ao faltar tantas aulas. Se o espaço vazio continha curvas, eles precisariam de algum meio de detectá-las. Einstein ficou estarrecido quando Grossmann – esse homem aparentemente sabia tudo! – lhe mostrou que muitas das ferramentas necessárias já tinham sido elaboradas.

As abordagens matemáticas que Grossmann mostrou a Einstein baseavam-se no que cartógrafos em suas caminhadas pelo nosso planeta, medindo latitudes e longitudes, tinham compreendido havia muito tempo. Quando topógrafos do século XVIII mediam pontos a partir de torres de observação que ficavam a dezenas de quilômetros umas das outras, mesmo que o terreno entre elas parecesse um ermo plano, coberto de neve, eles eram capazes de distinguir a partir do tamanho dos ângulos quão curva ou não a superfície realmente era.

Em um plano, qualquer retângulo enorme que fosse delimitado teria todos os seus ângulos internos a estritos e perfeitos noventa graus. Em superfícies muito mais curvas, retângulos são "empurrados" para cima no meio, assim os ângulos em seus cantos são dilatados para mais de noventa graus.

A superfície da Terra é continuamente curva, e, embora seja tão gradual que viajantes não a podem detectar a olho nu, a curvatura pode produzir efeitos surpreendentes. Imagine, por exemplo, que haja gelo perfeitamente plano da Finlândia ao polo Norte. Dois patinadores de uma pequena cidade da Finlândia são instruídos a se postar a uma distância de dois ou três quilômetros um do outro e depois, quando um sinal é dado, patinar em linhas absolutamente retas em direção ao norte.

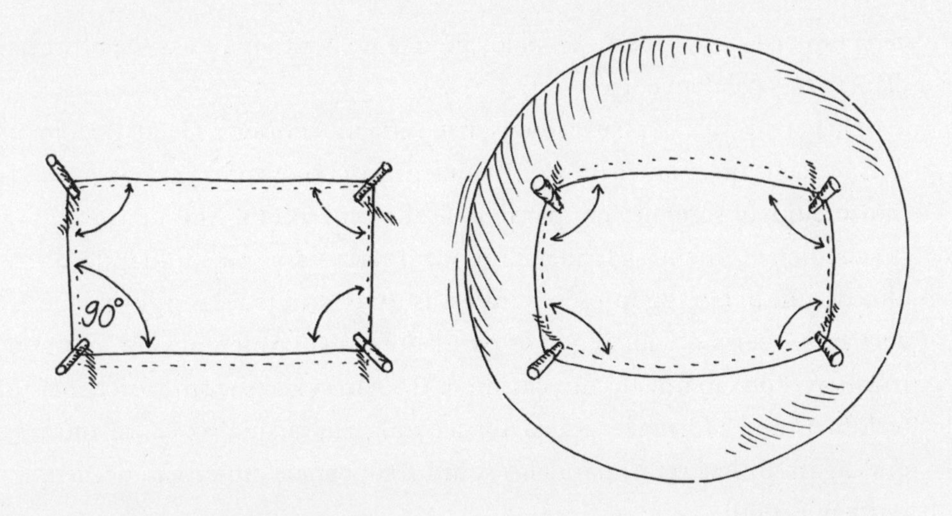

A princípio eles pensam que isso será fácil. Com base em sua experiência nos lagos gelados planos perto de suas casas, sabem que dois esquiadores que começam em paralelo podem aparentemente continuar assim indefinidamente.

Mas agora, à medida que prosseguem, afastando-se cada vez mais de casa, obedecendo diligentemente às instruções – verificando suas bússolas e assegurando-se de que não se desviam para o lado nem por um centímetro –, eles se veem sendo "puxados" um para junto do outro à medida que

cada um chega mais perto do polo, até que no ponto mais alto de nosso planeta eles colidem entre si.

Da perspectiva dos patinadores, isso seria inexplicável. Como podem dois homens que começam a quilômetros um do outro e permanecem muito cuidadosamente em paralelo acabar colidindo? Mas de uma altura suficientemente grande acima da Terra – digamos, olhando do alto de um balão gigantesco para essas duas minúsculas figuras que deslizam – seria óbvio. O que os patinadores experimentam como um irresistível puxão um em direção ao outro não se deve a uma força misteriosa. Como a forma básica da Terra é uma esfera, quaisquer viajantes que sigam linhas retas, paralelas sobre a superfície curva vão necessariamente colidir.

Esse fenômeno é idêntico àquele que Einstein imaginou em seu experimento mental em que duas maçãs se aproximam estranhamente – ocorre apenas que um não parece ter lugar numa superfície, e o outro sim. Na época de Einstein, quase ninguém acreditava que esses efeitos estranhos e caminhos curvos podiam se aplicar *fora* da superfície de nosso planeta – que o espaço exterior, que parecia vazio, poderia também ter uma estrutura oculta capaz de influenciar a maneira como os objetos dentro dele se moviam. Ao contrário, todos supunham que o espaço distante em que planetas e estrelas existiam era como Newton o imaginara: plano, vazio – um palco desguarnecido e escuro, antes que os atores apareçam.

Agora Grossmann explicava a Einstein que alguns matemáticos já tinham ousado olhar além dessa suposição amplamente compartilhada. Várias décadas antes que Abbott escrevesse sua fábula sobre a Planolândia, esses intrépidos matemáticos tinham começado a imaginar que nosso planeta poderia existir dentro de uma geometria mais ampla do que aquilo que podíamos ver. Para o oficial do exército húngaro János Bolyai, a ideia era tão empolgante que, após investigar as possibilidades lógicas, ele escreveu em 1820, "criava um novo universo a partir do nada!".[1] Para o matemático alemão Carl Friedrich Gauss, que explorou essas ideias de maneira intermitente durante décadas, "os teoremas [da geometria curva] parecem paradoxais e, para os não iniciados, absurdos; mas reflexão calma e constante revela que não contêm absolutamente nada de impossível".[2]

Mas, quando nenhum desses matemáticos de elite encontrou as evidências experimentais para respaldar essas possibilidades, o campo definhou. Abbott de fato adquiriu algum conhecimento desses esforços frustrados quando estudou em Cambridge, e houve algumas menções na literatura, mas a maioria dos físicos não pôde levar isso a sério. Pensava-se em geral que os matemáticos que continuaram a brincar com essas possibilidades estavam perdendo seu tempo. Até Einstein fizera parte da zombaria, escrevendo para Marić em 1902: "Grossmann está obtendo seu doutorado num tópico ligado à perda de tempo com geometria não euclidiana. Não sei o que é isso."[3] Agora, porém, em 1912, mudava de opinião: "Imbuí-me de um grande respeito pela matemática!",[4] admitiu.

As ferramentas havia muito esquecidas que os matemáticos pioneiros do século anterior tinham desenvolvido para estudar essas geometrias do espaço curvo eram de fato formidáveis – e eram também perfeitamente adequadas para a tarefa que Einstein e Grossmann tinham em mãos.

Isso estava especialmente claro numa ideia que um dos protegidos de Gauss, o matemático Bernhard Riemann, demonstrara numa palestra em 1854 – à qual o idoso Gauss assistiu –, em que ele observou que criaturas que viviam em qualquer tipo de superfície seriam capazes de deduzir quanto ela era curva em qualquer lugar particular. Essa ideia desenvolvia o que cartógrafos já haviam notado: se triângulos se abaulavam, a superfície em que existiam, fosse qual fosse, era semelhante à de nossa Terra esférica. Se triângulos se retraíam para dentro, a superfície era côncava – *e tudo isso podia ser visto sem que fosse preciso sair da superfície*. O sr. Quadrado, vivendo num universo bidimensional, poderia ter usado esses procedimentos para deduzir que estava vivendo numa superfície plana antes mesmo que a esfera visitante o suspendesse e o deixasse vê-la a partir de cima.

Se seguíssemos os procedimentos de Gauss e Riemann com bastante cuidado, nós também, Einstein compreendeu – medindo ângulos através de grandes distâncias –, poderíamos distinguir se alguma coisa estava fazendo nosso espaço tridimensional abaular-se ou encolher. Ninguém poderia detectar isso sem tal equipamento de medida, pois para nossos sentidos sem ajuda o espaço imediatamente à nossa frente parece obviamente plano. Seres humanos não têm nenhuma capacidade de "ver" dimensões mais elevadas; nem mesmo Einstein. Mas, com nossos cálculos, seríamos capazes de distinguir se havia "curvas" ali.

A ideia subjacente era tão simples, e tão bela, que Einstein mais tarde sentiu-se confortável explicando-a para seu filho mais moço, Eduard. Imagine, disse ele, uma pequena lagarta rastejando ao redor de um grande tronco de árvore. A lagarta não pode discernir que o tronco sob ela é curvo e que ela está tomando um caminho curvo através do espaço à medida que rasteja. Somente nós, olhando para o tronco a partir de uma distância maior, podemos ver isso ocorrendo. A razão por que passava tanto tempo no escritório, Einstein explicou ao filho, era que estava tentando encontrar uma maneira para que a lagarta, presa naqueles caminhos, pudesse deduzir se o mundo em que estava era realmente curvo.

Einstein continuava jogando "golfe" intelectual nas horas vagas, mas Grossmann o ajudou muito como seu parceiro ocasional de tênis. "Agora estou trabalhando exclusivamente com o problema da gravitação",[5] escreveu ele para o físico Arnold Sommerfeld, outrora desconfiado mas agora um admirador, em Munique, "e acredito que, com a ajuda de um amigo matemático aqui, vou superar todas as dificuldades."

Grossmann e Einstein formavam uma boa dupla, ainda que gostassem de chamar atenção para suas diferenças. Grossmann "não era o mesmo tipo de vagabundo e excêntrico que eu",[6] observou Einstein mais tarde. Nos quase dois anos que passaram juntos na ETH, Einstein vivia com roupas amarrotadas, confortáveis; Grossmann sempre usava um terno respeitável com camisa branca engomada, de colarinho alto. Enquanto Einstein brincava que ficara longe da matemática porque "ela era dividida em numerosas especialidades, cada uma das quais poderia facilmente absorver nossa curta existência",[7] Grossmann sugeria que a física era ridiculamente simples, e dizia haver apenas uma descoberta útil que ela fora capaz de lhe ensinar. Antes de estudar física, dizia Grossmann, "quando eu me sentava numa cadeira e sentia o vestígio do calor deixado pela [pessoa antes de mim], eu costumava estremecer um pouco. Isso desapareceu por completo. Pois sobre esse ponto a física me ensinou que calor é algo completamente impessoal".[8]

O caderno de apontamentos de Einstein desse período sobrevive – um volume pequeno, marrom, com capa de pano e cheio de sua nítida caligrafia a tinta, todas as letras ligeiramente inclinadas para a direita. Na primeira página, ele brinca com enigmas recreativos, desenhando um sistema de trilhos de trem e litorinas desviadas para ajudar a avançar através deles. Mas depois se envolve em seus cálculos sérios. Após várias páginas, as palavras queixosas "*zu umstaendlich*" – "complicado demais"[9] – aparecem quando se vê empacado, tentando listar curvaturas de maneiras que fariam sentido fosse qual fosse a direção a partir da qual um observador se aproximasse de uma superfície. Em outro ponto, o nome "Grossmann" aparece de maneira tranquilizadora – exatamente no lugar onde seu amigo introduziu uma ideia capital para ajudar.

Em 1913, Einstein e Grossmann apresentaram seus achados preliminares num artigo com uma adequada estrutura em duas partes: Grossmann assinava a parte matemática, e Einstein a parte física. Mas a habilidade de Einstein estava se aperfeiçoando. Antes do fim daquele ano, ele havia feito arranjos para assumir um cargo em tempo integral em Berlim no ano seguinte. Grossmann lhe dera toda a ajuda que pôde.

De agora em diante, Einstein estava por sua própria conta.

Completar sozinho o que ele e Grossmann tinham começado juntos foi o trabalho mais difícil da vida de Einstein. "Comparada com esse problema, a teoria original da relatividade [de 1905] é brincadeira de criança", escreveu ele. "Ninguém que não tivesse passado pelos tormentos, falsas esperanças, poderia saber o que ele exigiu."[10]

Seus colegas viam quanto ele estava imerso. "Einstein está tão profundamente atolado na gravidade que se encontra surdo para qualquer outra coisa",[11] relatou Arnold Sommerfeld a um colega. Mas Einstein continuou tentando enquanto os meses passavam – "Nunca em minha vida me atormentei desta maneira",[12] observou ele –, porque sentia que algo muito maior que $E=mc^2$ esperava para ser descoberto. "A natureza só está nos mostrando a cauda do leão", escreveu para seu velho amigo da medicina forense Heinrich Zangger em Zurique. "Mas não tenho nenhuma dúvida de que o leão pertence a ela, ainda que, por causa de seu tamanho colossal, ele não possa se revelar diretamente ao observador."[13]

Houve complicações adicionais. A mudança de volta para Zurique em 1912 não havia ajudado em nada seu casamento com Marić. Em parte, era o sexismo da época, empurrando a instruída e inteligente Marić para uma vida concentrada no lar. Além disso, de maneira fatal, embora ainda vivendo com Marić em Zurique, Einstein havia se encantado com uma parente distante em Berlim, Elsa Lowenthal, uma viúva que tinha duas filhas adultas.

Atriz diplomada com lindos olhos azuis, Lowenthal era bem relacionada no mundo das artes de Berlim. Falava francês com fluência, muito melhor que Einstein (o que não era particularmente difícil; um solidário francês que o conheceu relatou que ele não apenas desfigurava a língua enunciando-a de maneira demasiado lenta e enfática, como muitas vezes misturava-a com um pouco de alemão). Lowenthal compartilhava o gosto de Einstein por música e teatro, mas também o conhecia o suficiente para se divertir quando ele zombava de seus amigos mais pomposos. E, tendo sido instruída nas artes, não nas ciências, não tinha motivos para se sentir diminuída se visitantes científicos só tomassem conhecimento dela brevemente antes de se voltarem para Einstein.

Em certa altura de 1912, Einstein se deu conta de que tinha de pôr fim a qualquer contato com Lowenthal, e escreveu-lhe uma carta dizendo-lhe isso: sua mulher começara a compreender que ela não era só uma parenta distante, mas uma ameaça. Mas Einstein também incluiu seu endereço e, quando, no início de 1913, Elsa lhe escreveu casualmente sob o pretexto de pedir um conselho sobre como encontrar um bom guia popular para a relatividade, ele não pôde resistir a reiniciar a correspondência com ela.

Marić ficou furiosa quando Einstein aceitou a oferta de se mudar de Zurique para Berlim, pois sabia que isso significaria que ele estaria mais próximo dessa mulher que ameaçava a família. Seus meninos não tinham a menor ideia do que se passava, e quando a família novamente transportou todos os seus pertences, chegando a Berlim na primavera de 1914, eles pareciam encantados com a cidade enorme e moderna. Para Einstein e Marić, porém, os dias de se deliciar com novas mudanças, de se sentar na sacada, contemplando os Alpes e se abraçando, estavam agora impossivelmente distantes. Amigos perceberam como eles estavam desconfiados, frios e suscetíveis. Naquelas primeiras semanas de 1914 em Berlim, Einstein disse cruelmente a Marić que fingiria um mínimo de cordialidade somente se isso fosse "absolutamente necessário por razões sociais",[14] ainda que o iminente rompimento fosse claramente culpa sua.

Em julho de 1914, a situação atingiu um ponto crítico. Marić não podia viver dessa maneira, com o marido tão claramente enamorado de outra pessoa. Ela ainda pensava que seria possível salvar seu casamento, mas era orgulhosa demais para ficar. Einstein se viu numa situação difícil, pois, embora em seu íntimo o casamento deles estivesse terminado – ele tinha até começado a se referir às filhas de Lowenthal como suas enteadas –, também queria continuar vendo os filhos. No fim das contas, o bondoso Besso viajou de Zurique a Berlim para ajudar Marić e os meninos a se mudarem de volta para a Suíça. Einstein não insistiu num divórcio e concordou em mandar para ela metade de seu salário. Aos prantos na estação ferroviária de Berlim ao ver os filhos partirem, Einstein encontrou depois um pequeno apartamento para si, apenas com espaço suficiente para hospedar os filhos em suas visitas.

A ruptura foi exaustiva, assim como seu constante trabalho, e isso não foi tudo: um mês depois que ele e Marić se separaram, foi deflagrada a guerra na Europa. As condições em Berlim se deterioraram rapidamente. Logo a comida ficou limitada, havia cortes de eletricidade e combustível, e um nacionalismo frenético tomou conta das pessoas. Para seu velho amigo Besso, ele escreveu: "Quando converso com as pessoas, posso perceber o patológico em seu estado de ânimo."[15] Para um amigo na Holanda, desenvolveu a ideia: "Estou convencido de que isto é uma espécie de epidemia mental."

A vida de Einstein estava um caos, mas como poderia ele abandonar suas explorações? Tinha de resolver o problema da gravitação com que vinha se debatendo de maneira intermitente desde 1907; tinha de desvendar o segredo mais íntimo do universo.

E então, em 15 de novembro, decifrou-o.

8. A melhor ideia

O QUE EINSTEIN DESCOBRIU, no frio de Berlim em tempo de guerra, foi o maior avanço na compreensão do universo desde Newton: uma façanha para todos os tempos. Se Einstein nunca tivesse nascido, quase certamente alguma outra pessoa teria atinado com $E=mc^2$, e não muito mais tarde do que ele o fez, em 1905. O francês Henri Poincaré e o holandês Hendrik Lorentz, por exemplo, estavam no máximo alguns anos atrás dele. Mas ninguém mais se aproximara do que ele conseguiu em 1915. Embora os detalhes sejam sutis,* o âmago pode ser representado da seguinte maneira.

Pense no espaço verdadeiramente vazio como a superfície de uma vasta cama elástica. Ele é plano: não há nenhuma curvatura, nenhuma depressão ou saliência. Se você der uma pancada de leve numa esfera ao longo da superfície da cama elástica, ela não distorce a cama de maneira alguma, apenas se desloca numa linha reta.

Agora coloque uma pequena pedra nessa superfície. Seu peso faz a cama elástica vergar para baixo. Dê uma pancada na esfera de novo, e, se ela passar em algum lugar próximo dessa pedra, vai se desviar ligeiramente em direção a ela por causa do arqueamento. A massa da pedra faz a cama elástica se distorcer, e essa distorção altera a trajetória de outros objetos – como a esfera – que se aproximam dela, como mostrado:

* O apêndice desenvolve essa questão em maiores detalhes. Em particular, veremos que não é apenas o espaço que é curvo, mas o tempo também.

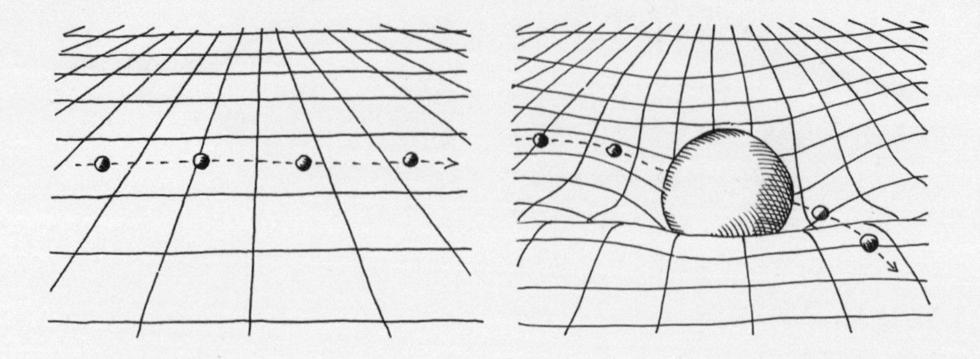

Essa foi a visão de Einstein; essa era a teoria que explica de onde provém a distorção do espaço-tempo. O empenamento – a curvatura que ele tinha se esforçado para definir desde que pensara sobre o aventureiro no elevador – provém de todas as coisas, toda a massa e energia, que estão espalhadas através do espaço! Onde quer que se localizem, massa ou energia distorcem o espaço à sua volta, exatamente como a pedra que empurra para baixo nossa cama elástica. Coloque uma pequena massa em algum outro lugar – mova a massa da sua mão alguns centímetros para o lado através do ar, por exemplo –, e é como se você estivesse apertando folhas invisíveis de borracha, e agora há realmente uma configuração ligeiramente diferente do espaço em volta dela. Faça uma grande massa chegar em algum novo lugar – faça a Terra toda avançar em sua órbita – e ela produzirá distorções muito maiores no espaço invisível à nossa volta.*

Foi uma ideia brilhante, audaciosa, e sob muitos aspectos paralela ao trabalho anterior de Einstein ao localizar o túnel entre as duas cidades cobertas por cúpulas de *M* e *E*. Assim como energia e massa estavam conectadas através de uma ligação invisível, ele compreendeu, também essas duas coisas estavam entrelaçadas com o espaço que ocupavam. Havia uma unidade no universo, ele sempre acreditara, e agora estava um passo mais perto de descrevê-la.

---

* Para campos gravitacionais fracos como o que experimentamos na Terra ou no sistema solar, o efeito de distorção do espaço-tempo é muito maior no tempo do que no espaço. (N.R.T.)

A teoria de Einstein sobre a distorção do espaço-tempo representou um divisor de águas na história da física, mas foi apenas a metade do que ele tinha descoberto. Pois, ao apontar com precisão o efeito que as coisas tinham sobre o espaço à sua volta, ele também ganhou um novo entendimento sobre como isso influenciava outras coisas na vizinhança delas.

O que acontece, afinal de contas, quando uma cama elástica está curvada e arqueando-se? Essas distorções em sua geometria fazem os objetos próximos a elas mudarem de direção e deslocarem-se. Uma esfera na cama elástica arqueada não é arrastada por nenhuma força misteriosa proveniente da pedra. Está simplesmente seguindo o caminho mais direto de sua perspectiva.

A ideia faz sentido intuitivo. Crie uma geometria distorcida em algum ponto, e isso conduzirá quaisquer coisas que estejam próximas a seguir uma trajetória nova, de outra maneira inexplicável. Como vimos, é por isso que os dois patinadores finlandeses se veriam irresistivelmente unidos à medida que se aproximassem do polo Norte. Eles estão deslizando numa superfície bidimensional, que se curva em volta de nosso planeta tridimensional. É também por isso que as duas maçãs soltas no quarto livremente flutuante começam a se mover lentamente uma em direção à outra se houver uma fonte de gravidade abaixo. Elas estão deslizando ao longo de um espaço tridimensional, que – segundo a ideia de Einstein – deve ser a superfície curva de um espaço de quatro dimensões invisível para elas que ele envolve. O infeliz explorador que flutua entre elas está simplesmente vendo-as cair ao longo dessa curva.

Na reconcepção radical do espaço de Einstein, não há necessidade de imaginar uma força adicional da gravidade; na verdade, a gravidade é simplesmente o resultado do empenamento do espaço. O gelado polo Norte não está enviando uma força invisível que arrasta os esquiadores para mais perto um do outro. A menos que alguma coisa os empurre, os objetos *sempre* seguem os canais mais diretos que se estendem à sua frente. Não precisamos sequer imaginar o norte gelado ou quartos que caem. Observe um surfista elevar-se algumas dezenas de centímetros acima do mar. Se a onda sob ele fosse invisível, essa subida seria um grande mistério, assim como o subsequente deslizamento para baixo. No momento em que vemos aquela água, contudo, tudo fica evidente.

Einstein compreendeu que tanto a geometria do espaço quanto o movimento de objetos dentro dele são determinados por distorções no espaço-tempo causadas pelos próprios objetos. Se não houver nada dentro do espaço, não há absolutamente nenhuma distorção: ele é como um plano chato, geométrico. Se houver um único planeta nesse plano, haverá alguma distorção, pois o planeta faz o espaço à sua volta arquear-se para baixo. Haverá ainda mais depressões e distorções se houver dezenas de planetas, todos puxando o espaço à sua volta.

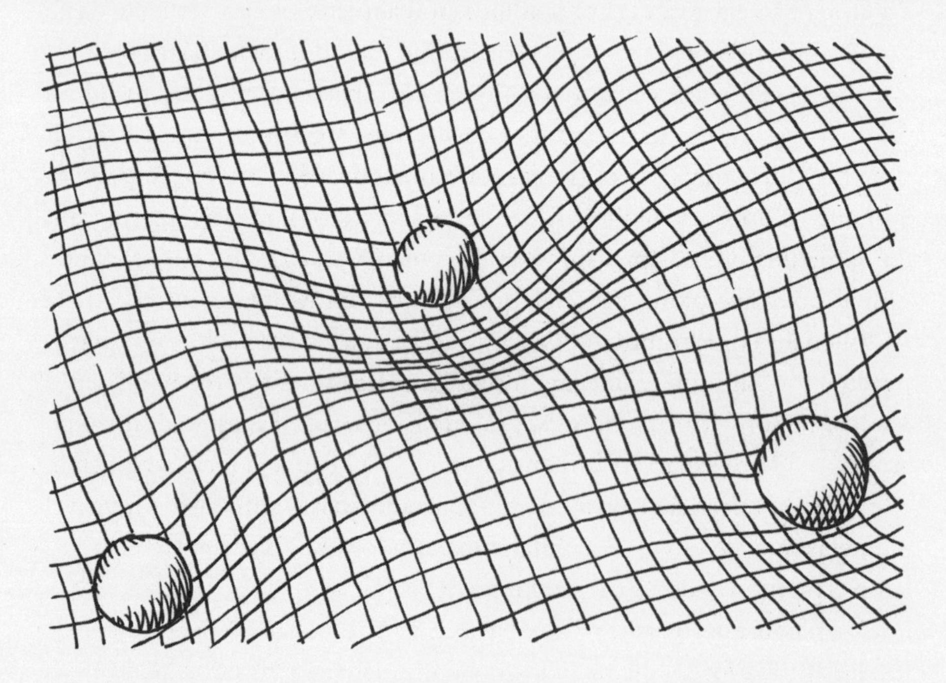

Essa compreensão mudou fundamentalmente a maneira como compreendemos o tecido de nosso universo. Em 1816, o matemático Gauss havia escrito: "Talvez numa outra vida sejamos capazes de obter um entendimento da natureza do espaço, que hoje é inatingível."[1] Menos de um século depois, Einstein havia feito isso. O domínio das Coisas e a geometria do domínio do espaço que o envolve não eram separados, afinal de contas. Havia uma profunda ligação. Coloque uma enorme aglomeração de rochas num novo ponto – deixe o vasto volume da própria Terra assumir alguma posição em nosso sistema solar – e sua tremenda massa arqueia o espaço o suficiente para comprimir seres humanos e macieiras e cadeias de montanhas inteiras fortemente contra a superfície; o suficiente para guiar aeronaves, e ônibus espaciais, e até a distante Lua. É assim que nosso Sol conduz a Terra: é como se ele tivesse aberto um sulco à sua volta, e seguíssemos girando dentro dele. A razão por que temos a cada momento a impressão de estarmos seguindo direto para a frente é que somos incapazes de nos afastar e "ver" aquele gigantesco caminho curvo pelo qual estamos deslizando. No entanto, em sua mente, Einstein fizera exatamente isso.

Símbolos são mais precisos que palavras. Dizer "massa e energia levam a distorções do espaço-tempo" é apenas uma aproximação muito grosseira. O que Einstein escreveu pode, ainda grosseiramente, ser mais bem expresso ao se dizer que há "coisas" numa localização – o que podemos chamar de *T*, para abreviar. E há uma geometria distorcida que essas coisas produzem perto delas. Chamemos essa geometria distorcida de *G*, também para abreviar.

A descoberta de Einstein – tal como resumida nos desenhos da cama elástica – foi que qualquer arranjo de coisas (*T*) produz uma nova geometria característica (*G*) à sua volta. Os grupos de coisas que existem em alguma localização – sejam elas mãos, montanhas ou labaredas explosivas – fazem a geometria à sua volta curvar-se ou deslocar-se. Em outras palavras, uma mudança em *T* leva a uma mudança em *G* à sua volta.

A simplicidade da compreensão de Einstein foi estonteante, e ela foi expressa numa equação extremamente "breve". Como discernir de que maneira as coisas vão se mover? Simplesmente olhe para a geometria distorcida do espaço em torno delas. Em formulações sucessivamente mais breves:

- A geometria do espaço – nossa cama elástica arqueada – guia a maneira como as coisas se movem.
- Geometria guia Coisas.

- *G* guia *T*.
- *G*→*T*.
- *G*=*T*.

E como distinguir *de que modo* o espaço está contorcido? Simplesmente olhe para as coisas situadas nele. Novamente, em formulações cada vez mais breves:

- As coisas distorcem a geometria do espaço – nossa cama elástica arqueada – à sua volta.
- Coisas distorcem Geometria.
- *T* distorce *G*.
- *T*o*G*.
- *T*=*G*.

Quão extraordinariamente simétrica se revela a equação no âmago do modo como nosso universo se configura! Quase toda a estrutura e dinâmica do universo estão aí, em apenas duas frases cuidadosamente equilibradas. Coisas distorcem geometria. Geometria guia coisas. Use o sinal de igual como um sinal taquigráfico para resumir essas operações mútuas, e mais breve do que tudo, combinando ambas, obtemos uma única equação: G=T. Os símbolos de Einstein tinham características mais detalhadas, mas, embora G=T seja apenas uma metáfora, é uma metáfora muito próxima, e corresponde à essência do que ele escreveu.

Foi uma descoberta fabulosa: que o que parece estranho e aleatório aos nossos sentidos, como o movimento dos planetas pelo espaço, provém na realidade de leis muito claras, muito exatas. E o melhor de tudo: o raciocínio humano foi capaz de desvendá-las.

Einstein tentou ser modesto com relação a essa equação, que iria se tornar o núcleo de sua teoria da relatividade geral. Mais tarde ele disse: "Quando, após longos anos de busca, um homem encontra por acaso um pensamento que revela algo da beleza deste universo misterioso, ele não deveria ser pessoalmente celebrado."[2] Mas naquele momento ele não pôde resistir. Em 1915, escreveu exuberantemente: "[Esta] é a maior satisfação de minha vida." E, para seu amigo Michele Besso, foi ainda menos cauteloso: "Meus sonhos mais audaciosos se realizaram", escreveu depois tê-la desvendado em novembro de 1915, antes de assinar: "Saudações de seu satisfeito, mas *kaput*, Albert."[3]

PARTE III

Glória

Einstein e sua segunda mulher, Elsa Lowenthal, em Berlim, início dos anos 1920

9. Verdadeiro ou falso?

EINSTEIN SEMPRE ACREDITOU que havia uma estrutura invisível em nosso universo, esperando ser descoberta. Sempre suspeitara, ademais, que essa arquitetura cósmica seria muito simples, muito exata e muito clara. E que podia ser mais simples, ou mais exato, ou mais claro, que uma ideia como G=T? Parecia impossível que sua teoria sobre espaço e gravitação pudesse ser falsa.

Na esteira imediata de sua descoberta em novembro de 1915, ele não mostrou nenhum sinal de dúvida de si mesmo – no entanto, sabia que outros tinham duvidado dele antes. Suas primeiras ideias sobre gravidade, remontando a suas reflexões no Departamento de Patentes em 1907, tinham tido apenas um impacto limitado. Mesmo suas elaborações iniciais, durante seus anos em Praga, tinham permanecido em grande medida um assunto privado. Mas, conforme crescera o reconhecimento de Einstein entre os físicos, crescera também a resistência a seu trabalho nessa área. Quando ele apresentou suas elaborações teóricas ampliadas numa conferência em Viena em 1913, aparentemente toda a plateia de eminentes docentes universitários afirmou que ele devia estar enganado. Na época, Einstein tentou permanecer calmo, mas mais tarde admitiu como ficara abalado. "Meus colegas se ocuparam de minha teoria", lembrou, "apenas com a intenção de liquidá-la."[1] Até Max Planck, então o cientista mais respeitado da Europa, tivera dúvidas, escrevendo para Einstein: "Como um amigo mais velho, devo aconselhá-lo contra [divulgar essa nova teoria] … Você não terá sucesso, e ninguém lhe dará crédito."[2]

Einstein sabia que precisava convencer os colegas de que sua teoria era legítima, mas, acima de tudo, talvez, precisava certificar-se ele próprio.

A teoria da gravitação de Newton tinha sido o alicerce do pensamento científico durante séculos. Não havia nada nela sobre espaço empenado. Para um de seus confidentes mais íntimos, o teórico holandês Hendrik Lorentz, a quem reverenciava quase como uma figura paterna, Einstein admitiu: "Minha questão ainda tem tantos obstáculos graves que minha confiança ... flutua."[3]

Einstein ainda era bastante jovem, e só recentemente ganhara estima profissional. O que estava tentando com G=T era espantosamente audacioso. Em essência, ele estava dizendo a seus colegas que, como os habitantes de Planolândia, eles tinham estado cegos para o fato de que existiam numa dimensão mais elevada que não podiam ver. Agora proclamava tê-la descoberto. Não admira que eles estivessem céticos.

Do que Einstein realmente precisava era de um teste – alguma maneira de confirmar a existência dessa dimensão mais elevada à nossa volta. Mas como arrancar um teste de algo aparentemente tão abstrato como a relação G=T?

Ele já tinha uma maneira possível de provar a correção de sua teoria. Havia sido capaz de mostrar, com base em sua nova equação, que o planeta Mercúrio avançaria de uma maneira muito ligeiramente diferente do que Newton previra. O problema é que isso não era realmente novidade; astrônomos já tinham reconhecido que Mercúrio orbitava de maneira diferente daquelas previsões. Embora ninguém – exceto Einstein – tivesse sido capaz de explicar por que isso acontecia, observadores cínicos poderiam sempre dizer que Einstein começara com esses fatos conhecidos sobre a órbita e trabalhara para trás de modo a criar uma teoria que "produziria" tal órbita.

Muito mais impressionante seria se ele pudesse mostrar que sua nova teoria previa alguma coisa que ninguém havia imaginado que poderia acontecer – e em seguida fosse em frente, testasse essa previsão e mostrasse que ela era verdadeira. Já no tempo que passou em Praga, em 1912, Einstein tinha pensado sobre isso, e agora se dava conta de que poderia haver uma maneira de fazer isso acontecer.

Lembre-se da esfera lançada para a frente na cama elástica esticada. Quando ela viajava onde a cama elástica era plana, rolava para a frente numa rápida linha reta. Quando chegava perto da depressão no centro da cama elástica, onde uma pequena pedra a curvava para baixo – uma pedra que representava nosso Sol –, a esfera se desviava para dentro à medida que mergulhava ao longo dessa depressão. Nosso Sol é tão maciço que produz uma enorme "depressão" no espaço-tempo a seu redor, e é ao longo dela que a Terra desliza, como uma bola presa na roda de uma roleta, com apenas o movimento anterior para a frente impedindo-a de rolar ainda mais em direção ao Sol.

Pensando sobre como testar sua teoria da gravitação, Einstein se deu conta de que, segundo ela, não eram apenas os planetas que seriam arrastados pela curvatura do espaço-tempo dessa maneira. A luz, também, seria "curvada" pela gravidade.

À primeira vista, isso parece impossível. Aprendemos que, se projetamos um feixe de luz de um balão tripulado a outro, não deveria importar se os balões estão voando a grande altura sobre o oceano Pacífico ou bem ao lado do monte Everest: o feixe de luz viajará em linha reta. Ele não será arrastado para o lado simplesmente por haver uma enorme montanha a seu lado.

Mas a crença de que a luz só viaja em linhas retas é uma ilusão, baseada simplesmente no fato de que vivemos num planeta com gravidade fraca – pelo menos era o que Einstein pensava. Se pudéssemos observar detidamente domínios onde a gravidade era muito mais forte do que na Terra, seríamos, de fato, capazes de detectar sulcos invisíveis abrindo-se no espaço ao ver a luz se desviar enquanto avança.

Uma variação do mais simples experimento mental de Einstein mostra como ele chegou a essa hipótese. Em vez de um explorador drogado que acorda e vê-se a flutuar livremente num quarto fechado, imagine que você é a vítima. E, dessa vez, em vez de flutuar sem peso, você sente uma confortável força puxando-o para baixo em direção ao chão. Como a flutuação do explorador, essa força também é ambígua. Ela poderia significar que você pousou em segurança na Terra, que sua aterrorizante viagem terminou, e que quando a câmara de vácuo se abrir você pisará lá fora para se defrontar com uma multidão expectante a aplaudir. Mas poderia significar também que você está num quarto no espaço: um quarto sequestrado por implacáveis saqueadores, ao qual foi preso um gancho, e que agora está sendo rebocando adiante rumo à sua fatídica nave-mãe. Se a aceleração deles for corretamente calibrada, você será comprimido contra o piso com exatamente a mesma intensidade – nem mais, nem menos – que alguém sentiria numa cabine de elevador esperando calmamente que a porta se abrisse no térreo na Terra. (Esse é um efeito que reconhecemos quando estamos num carro que acelera de repente, e somos empurrados para trás contra o assento. Feche os olhos, ignore o barulho do motor, e você poderia estar num planeta cujo puxão gravitacional o está puxando para o assento com igual intensidade.)

Suponha que você está na segunda situação possível do experimento mental de Einstein – um quarto sequestrado, em aceleração, em vez de um quarto em repouso na Terra – e consegue encontrar uma janela, talvez suspendendo uma placa de metal que a encobria. E suponha que, quando faz isso, o feixe de um farol num conveniente planeta *exuperante* ilumine intensamente sua janela. Se você não estivesse se movendo, veria o feixe de luz entrar no quarto e bater contra a parede mais afastada, exatamente em frente à janela por onde entra. Mas, como seus sequestradores estão acelerando sua própria nave para cima, a luz não cairá exatamente no mesmo lugar em que cairia se você estivesse suspenso no espaço sem se mover. De fato, no tempo necessário para que o feixe de luz atravesse seu quarto, sua nave terá se movido um pouco para cima, de modo que, quando o feixe de luz atingir a parede mais distante, ele não estará exatamente em frente à janela por onde entrou, mas terá em vez disso se curvado para bater um pouco mais baixo.

Essa segunda parte do experimento mental reflete uma das concepções propulsoras de Einstein, o que poderia ser chamado de democracia observacional: a crença de que, assim como ninguém merece automaticamente direitos superiores na vida, também nenhum observador pode dizer que o ponto a partir do qual observa algum evento é automaticamente supe-

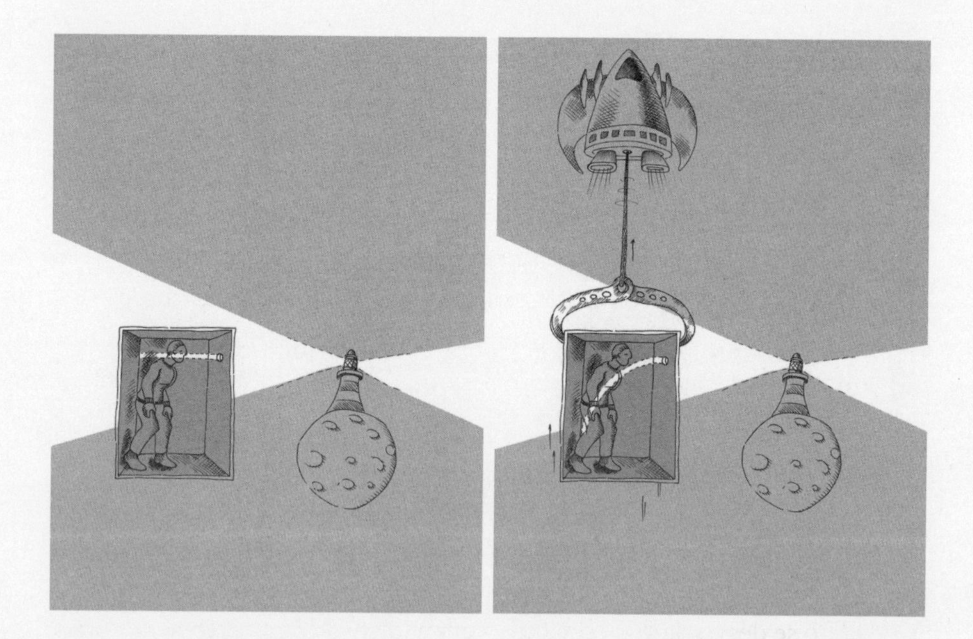

rior ao de todos os demais. No experimento mental em questão, o que isso significa é que ninguém pode distinguir se está sendo rebocado no espaço distante, ou parado num quarto fechado na Terra – pelo menos se o rebocador que o estiver puxando tiver a intensidade certa. O que alguém vê no interior de um desses quartos terá de ser exatamente o que veria se estivesse no outro.

Para ver como isso permaneceria verdadeiro no experimento mental, imagine como ver o farol a partir de um quarto estacionário na Terra poderia se comparar a ver o farol de um quarto sequestrado no espaço. No quarto rebocado, em que você seria mantido no chão com uma força de 1 g (porque os piratas malvados o estão arrastando),* a luz se curva à medida que viaja através da sala. Na sala estática na Terra, onde você seria mantido no chão com uma força de 1 g (porque a Terra produz gravidade "real"), a luz também terá de se curvar à medida que atravessa a sala. (Por

* Uma força de 1 g é uma força que causa a sensação de peso que temos na superfície da Terra. Uma força de 2 g seria uma força que causa uma sensação igual ao dobro do peso na Terra, e assim por diante. (N.R.T.)

quê? Porque, se a curvatura da luz não fosse igual, você seria capaz de perceber a diferença entre os dois lugares, e já concordamos que isso é impossível.)

A partir desse simples experimento mental, Einstein deduziu que a luz se curva num campo gravitacional exatamente como o faria se vista de uma posição em aceleração. E esse era o tipo de previsão que ele poderia testar. A abordagem aproximada estivera cedo em sua mente nos longos anos de trabalho que conduziram à relatividade geral, embora os detalhes só tenham se tornado propriamente refinados quando chegou à teoria final em 1915.

O experimento na vida real que Einstein concebeu também era simples, pelo menos em termos científicos. Ele precisava apenas encontrar uma massa vastamente pesada, que fosse maciça o suficiente para criar uma grande depressão no espaço-tempo próximo a ela, e em seguida ver se velozes feixes de luz de fato se desviariam de seu curso quando passassem perto dela, como um carro de corrida em alta velocidade inclinando-se fortemente ao fazer uma curva. Ao observar os feixes de luz visíveis em torno da periferia desse objeto tão maciço, previu Einstein, seria possível ver o que estava por trás dele – tudo porque a curvatura do espaço-tempo causada pela gravidade iria redirecionar a luz a partir do objeto oculto aos olhos do observador.

Em nosso sistema solar, Einstein compreendeu, só havia um candidato adequado a semelhante teste: o Sol. Ele é tão maciço, e deveria curvar o espaço-tempo de maneira tão significativa, que isso deveria ter um efeito perceptível sobre a luz à sua volta. Mas havia um problema com essa ideia. Mesmo que o Sol fizesse de fato a luz em sua proximidade se curvar, Einstein sabia, na maior parte do tempo isso seria demasiado difícil de detectar. O efeito seria muito pequeno, apenas uma fração de um grau. Durante o dia, quando podemos ver o Sol, suas chamas e explosões são tão brilhantes que tornam impossível ver a luz estelar distante que poderia estar se movendo rapidamente bem a seu lado.

Mas e durante um eclipse total? Nesse caso, o melhor de dois mundos se combina. O céu está escuro, mas o Sol está lá no alto. A luz de uma estrela distante que chegasse em linha com sua borda seria subitamente visível. Se essa luz estivesse se curvando, seríamos capazes de ver isso.

Einstein tinha concebido esse teste quando começou a tentar elaborar a relação entre *G* e *T*, que iria finalmente apontar com precisão em sua descoberta de novembro de 1915. Mas havia uma razão pela qual não pudera relatar os resultados de semelhante teste quando apresentou formalmente sua teoria da relatividade geral, com G=T em seu núcleo, para os maiores cientistas da Alemanha no final daquele ano. Einstein vinha confiando os testes a um ávido e jovem astrônomo chamado Erwin Freundlich, que o impressionara com seu conhecimento e entusiasmo por ajudar (e cujo sobrenome, condizentemente, é a palavra alemã para "amistoso"). Mas Freundlich se revelou um homem de má sorte impressionante.

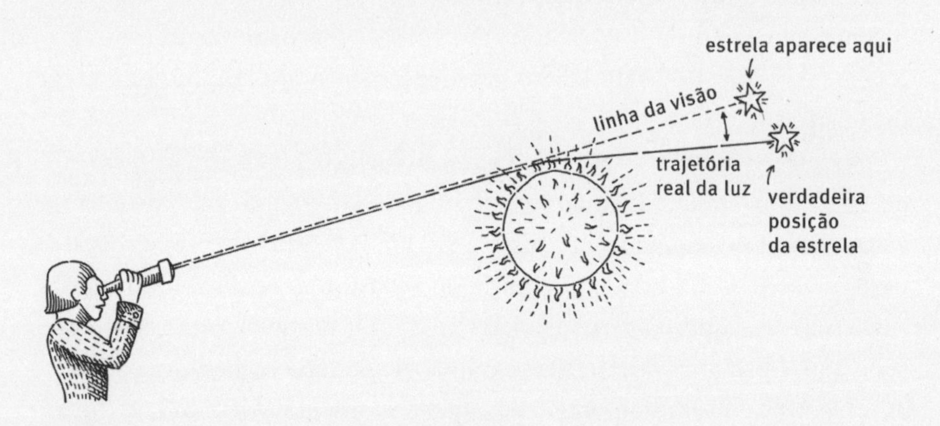

A primeira sugestão de Freundlich para Einstein fora não esperar um eclipse de maneira alguma, mas examinar velhas chapas fotográficas armazenadas no Observatório de Hamburgo para ver se elas haviam inadvertidamente captado eclipses sob as condições de que Einstein precisava. Einstein escreveu de volta com seu apoio à ideia. Freundlich obteve permissão do diretor do observatório, começou a analisar e medir chapas, e constatou que, embora houvesse muitas – muitíssimas – chapas nos arquivos, os astrônomos haviam sempre simplesmente deixado de registrar as deflexões de luz estelar que provariam a verdade da teoria de Einstein e valeriam respeito e fama a ele, Freundlich.

O astrônomo se mantinha sempre otimista. Por que não verificar se seria possível, talvez, vislumbrar estrelas distantes durante o dia e usar medidas tomadas dessa maneira, em vez de esperar que um eclipse escurecesse o céu durante o dia? Essa era uma ideia tão empolgante que, em 1913, ele fez uma viagem especial a Zurique para discuti-la com seu novo amigo Einstein. Lamentavelmente, era também a lua de mel de Freundlich, o que significou que sua nova mulher teve de esperar polidamente enquanto o marido assistia a uma palestra sobre relatividade, depois enquanto almoçavam com Einstein, e finalmente enquanto saíam para uma longa caminhada depois do almoço. Imagina-se que para ela foi um dia longuíssimo.

Mais tarde, nas semanas após a partida de Freundlich, Einstein fez algumas verificações. Era óbvio, ele constatou, que o clarão era simplesmente forte demais e que nenhum telescópio – nem mesmo o grande instrumento no monte Wilson na Califórnia, como confirmou seu diretor – seria capaz de levar a cabo o procedimento que Freundlich havia proposto.

A ideia seguinte de Freundlich pareceu melhor. Havia um eclipse total do Sol se aproximando em agosto de 1914, dali a cerca de um ano, e seria visível de um local não muito distante, na bela Crimeia no sul da Rússia, perto da sofisticada cidade portuária de Sebastopol. A Marinha Imperial russa tinha seu quartel-general ali, o que significava que haveria restaurantes e bons hotéis nas proximidades, onde ele poderia comemorar quando as imagens tivessem sido obtidas. Naquele momento, Alemanha e Rússia estavam em paz havia muitos anos, não havendo portanto nenhuma razão para se pensar que alguma coisa poderia dar errado.

O entusiasmo de Freundlich para confirmar as ideias iniciais de Einstein irritou alguns dos pesquisadores mais velhos que constituíam o establishment astronômico na Alemanha, e os órgãos oficiais de financiamento resistiram a fornecer todo o dinheiro necessário. Einstein não podia crer na pouca confiança que eles depositavam em Freundlich. Não havia muito tempo para os preparativos! Antes que 1913 terminasse, ele escreveu ao amigo: "Se a Academia não concordar, vou conseguir aquele pouquinho [de dinheiro] de fontes privadas … Se nada disso der certo, usarei minhas próprias parcas economias … [mas] vá em frente e encomende as chapas … Não deixe o tempo escapulir por causa do problema de dinheiro."[4]

Mesmo com a ajuda de Einstein, houve um déficit, mas Freundlich conseguiu obter fundos extras da imensamente rica família Krupp: os negociantes de armas que aterrorizavam o mundo. Os canhões e demais equipamentos militares dos Krupp eram vendidos no mundo inteiro, e constituíam a espinha dorsal do exército alemão.

Perto do fim de 1914, Erwin Freundlich chegou à península russa da Crimeia. Alguns dias depois, começou a Primeira Guerra Mundial. Alemanha e Rússia estavam em lados opostos. Freundlich encontrava-se naquele momento acampado no meio do mato, equipado com telescópios excepcionalmente poderosos, não muito longe do quartel-general da Marinha Imperial russa. É difícil imaginar como seria possível fazer o alemão parecer mais suspeito, em especial se toda a sua documentação mostrasse que a Fundação Krupp estava por trás de sua missão. O grupo de Freundlich foi rapidamente cercado por russos armados, e seu belo e amorosamente preparado equipamento, confiscado. Quando o eclipse ocorreu como previsto, no dia 21 de agosto – as estrelas circundantes serenamente distanciadas dos furiosos lampejos de canhão em toda a Europa –, Freundlich estava num campo de prisioneiros russo.

Einstein e outros conseguiram libertá-lo não muito mais tarde, como parte de uma troca de prisioneiros. Caracteristicamente, o astrônomo não ficou abatido. Precisava apenas arquitetar mais oportunidades para encontrar novas provas! O próximo eclipse solar realmente bom só ocorreria dentro de vários anos, o que era tempo demais para esperar. Mas e se, em vez de ficarem tão fixados no Sol, eles pensassem em medir a luz estelar que caía num dos vales de gravidade invisíveis que tinham de existir perto do planeta Júpiter? A deflexão seria menor que a de luz estelar caindo nas grandes curvas no espaço próximo de nosso Sol (assim como pequenos seixos na superfície de uma cama elástica a fazem arquear menos que pedras mais pesadas). Mas Júpiter era certamente mais fácil de fotografar que o Sol.

Não era uma ideia formidável, mas, quando Freundlich começou a correr para reunir o equipamento adequado, o diretor de seu Observatório de Hamburgo estava farto da exuberância do subalterno. Einstein escreveu ao Ministério da Educação, estimulando administradores a contornar quaisquer burocratas que se interpusessem no caminho e dar apoio a Freundlich. O ministro encaminhou a solicitação ao diretor do laboratório, que não era apenas um professor, mas um conselheiro privado que se orgulhava de ser tratado pelo título *Geheimrat*, ou, se necessário, "Vossa Excelência". Ele certamente não pensava em si mesmo como um burocrata a ser contornado, e em sua avaliação Freundlich era um mero auxiliar, de competência questionável e inaceitável insubordinação. O diretor escreveu uma firme e mordaz resposta a Einstein: "Nem mesmo uma 'profusão das mais sofisticadas medições' feitas por observadores especializados, que dirá por aqueles que não se apresentam sob esse título, produzirá qualquer resultado útil, causando meramente um gasto desnecessário de tempo e esforço."[5]

A obstrução do chefe de Freundlich foi apenas um dos problemas. À medida que a guerra se arrastava e o bloqueio naval da Alemanha pela Grã-Bretanha endurecia, provou-se impossível para Einstein e o leal Freundlich levar a cabo seu teste astronômico. A audaciosa nova teoria de Einstein, ao que parecia, tinha malogrado de uma vez por todas – isto é, a menos que houvesse mais alguém a quem ele pudesse recorrer em busca de ajuda.

10. Totalidade

Em maio de 1919, um inglês magro e coberto de suor saiu de uma cabana numa ilhota ao largo da África Ocidental e levantou os olhos ansiosamente para o Sol.[1] Um eclipse solar estava se aproximando, e ele passara dois anos se preparando para isso. Mas, se a ameaçadora tempestade que vinha da costa do Congo não fosse carregada pelo vento, o caro telescópio que ele transportara desde a Inglaterra e arrastara por terra seria inútil.

Ele mandou sua equipe instalá-lo de qualquer maneira, apesar da chuva fina, e cobriu as lentes com o próprio paletó. E foi bom que o tivesse feito, porque de repente, apenas alguns minutos antes da totalidade, as nuvens se dispersaram.

A borda do Sol estava chocantemente brilhante. Uma geração anterior de astrônomos tinha imaginado que em algum lugar dentro daquele clarão havia um planeta que orbitava o Sol muito rapidamente, a que deram o nome Vulcano. Eles tinham proposto isso porque alguma coisa havia parecido errada com a órbita de Mercúrio. A teoria da gravitação de Newton previa uma órbita muito precisa para o planeta, mas isso não correspondia ao que tinha sido observado, mesmo depois que se faziam correções para os ligeiros puxões que outros planetas no sistema solar exerceriam sobre Mercúrio. Um planeta adicional, orbitando mais perto do Sol, poderia estar puxando Mercúrio para aquela trajetória irregular.

Outros levantamentos telescópicos não tinham conseguido encontrar esse novo planeta imaginado. Se as grandes chapas fotográficas prontas para ser instaladas no telescópio do inglês mostrassem o que esperava, ele seria capaz de refutar sua existência de maneira indubitável. Faria isso não documentando sua ausência em filme, mas captando evidências que confirmariam as teorias desse teórico alemão ainda pouco conhecido, o gentil berlinense com quem nunca estivera, cujo trabalho havia conduzido à sua presença nessa ilha distante.

Por seus registros posteriores, sabemos o que aconteceu em seguida. Ele deu uma rápida olhada para cima. As nuvens estavam voltando. Haveria muitas placas para trocar, e rapidamente. O inglês abaixou-se de novo, sem se deixar dissuadir pelos enxames de mosquitos. Teria tempo para especular sobre a teoria mais tarde, depois que tivesse feito as fotografias.

Isto é, se as emulsões das chapas pudessem sobreviver ao calor tropical.

Em 1917, os colegas de Arthur Stanley Eddington, astrônomo de Cambridge, estavam num impasse. Eles sabiam que Eddington era um homem determinado, como aqueles que tentavam acompanhá-lo em passeios de bicicleta logo descobriam. Ele sempre se vestia adequadamente, com elegantes calças de ternos enfiadas dentro das meias igualmente elegantes, mas, com um olhar quase enfurecido no rosto, corria através da zona rural, cada vez mais rápido, por horas a fio, deixando seus colegas para trás.

Eles sabiam que a determinação de Eddington se revelava em suas ideias religiosas também. Eddington era um quacre devoto, com princípios que o tornavam pouco disposto a defender o Império Britânico na Grande Guerra que ainda se arrastava, tantos anos depois de ter começado. Muitos homens de Cambridge haviam morrido nas lutas no Europa continental, inclusive um dos melhores jovens físicos da universidade, Henry Moseley, enfrentando de maneira despropositada soldados turcos armados com metralhadoras na campanha de Galípoli. Eddington estava mostrando sinais de ser um dos principais astrônomos de sua geração. Seus colegas em Cambridge não queriam que mais um dos seus acabasse da mesma maneira.

Quando os administradores de Cambridge tentaram obter uma isenção do serviço militar para Eddington, no entanto, escrevendo para o Ministério do Interior e declarando que a contribuição que ele poderia dar permanecendo na universidade era necessária para o esforço de guerra, tudo se resolvera. O Ministério do Interior escrevera para Eddington com o formulário de isenção apropriado. Ele teria apenas de assinar seu nome. Eddington fez isso conscienciosamente, mas depois, ainda mais conscienciosamente, acrescentou um pós-escrito explicando que, como um bom quacre, mesmo que não fosse isento pelo motivo declarado, ele reivindicaria a isenção de qualquer maneira por motivo de objeção de consciência. Como disse mais tarde um amigo de Eddington, "esse pós-escrito pôs o Ministério do Interior num dilema lógico, pois um objetor de consciência confesso deveria ser enviado para um campo [de prisioneiros]". Os colegas de Eddington ficaram "extremamente ressentidos".[2]

Felizmente para ele, e para Einstein, os amigos de Eddington encontraram uma solução que não envolvia guerra ou um campo de prisioneiros. Em vez disso, envolvia a inimiga da Grã-Bretanha, a Alemanha, e as estranhas teorias científicas que vinham transpirando daquele país mesmo no auge da guerra.

O contato direto com cientistas alemães havia se encerrado desde que a guerra começara. Censores não gostavam de telegramas com fórmulas obscuras e listas de números viajando entre os dois países. Havia também um desagrado geral na Inglaterra por todas as coisas alemãs, levando às vezes a tumultos ou mesmo induzindo algumas ansiosas famílias imigrantes a mudar seus sobrenomes. Mas indícios das novas ideias de Einstein haviam chegado até a Inglaterra por meio de leais intermediários nos Países Baixos.

O principal protetor de Eddington, o astrônomo real sir Frank Dyson, não podia compreender todos os detalhes das teorias de Einstein – e não estava nem mesmo convencido de que elas eram necessariamente válidas –, mas reconhecia que seria um belo golpe se um homem de Cambridge pudesse descobrir com certeza se esse estranho cientista alemão estava certo. Eddington não só seria capaz de demonstrar que a ciência podia transcender à barbaridade da guerra, como também conseguiria preservar alguns vínculos preciosos entre sua nação e a de Einstein.

Dyson conversou com seus contatos no Ministério da Marinha e saiu com um acordo tão seguramente assinado e selado que nem mesmo um quacre convicto podia contorná-lo. Eddington iria se envolver num importante assunto governamental e sob nenhuma circunstância poderia ser enviado para o front mortífero, ou mesmo relegado a um campo de prisioneiros. Em vez disso, se ofereceria involuntariamente para dirigir uma expedição astronômica destinada a pôr as teorias de Einstein à prova de uma vez por todas.

A ideia de uma missão científica, não uma missão militar, agradava a Eddington. Talvez ainda mais que Dyson, ele apreciava o efeito salutar que a ciência poderia ter em tempo de guerra. Uma de suas eminentes contemporâneas na comunidade quacre da Inglaterra, Ruth Fry, escreveu que "uma pessoa que chefia uma expedição para sanar os ferimentos e a desolação da guerra é mais forte do que um batalhão de homens sob armas".[3] Para Eddington, uma viagem para promover as ideias de um pensador que trabalhava na capital do mais ameaçador inimigo da Grã-Bretanha seria perfeita. "As linhas de latitude e longitude não têm nenhuma consideração por fronteiras nacionais",[4] escreveu ele. A busca da verdade haveria de unir a humanidade.

E assim, em plena Grã-Bretanha em tempo de guerra – com escassez de quase todos os materiais e os mares em torno da nação insular vigiados por mortíferos U-boats alemães –, Eddington começou a planejar como ter êxito onde o auxiliar de Einstein, o desventurado astrônomo alemão Freundlich, havia fracassado.

Eddington sabia que um eclipse era esperado em 29 de maio de 1919, por isso decidiu usá-lo para testar a teoria de Einstein. Eclipses são visíveis somente a partir de regiões específicas, e esperava-se que esse seguisse uma trajetória através do Atlântico desde o norte do Brasil até a África. Eddington e Dyson providenciaram a formação de duas equipes, uma para ver o eclipse a partir da cidade de Sobral, no sertão brasileiro, e outra para tentar chegar à ilha do Príncipe, uma colônia portuguesa próxima à costa da África Ocidental, bem perto do equador e junto do curso do eclipse.

Ninguém – nem mesmo os seguradores de transporte marítimo no Lloyd's de Londres – tinha qualquer conhecimento de vapores que fossem à ilha do Príncipe, por isso a segunda equipe teria de chegar o mais

Eddington quando jovem, c.1914

perto que pudesse e então esperar que lhe fosse possível obter os detalhes a partir dali. Para complicar ainda mais as coisas, os fundos limitados de Eddington só permitiriam que quatro ingleses partissem nas expedições que ele planejara: dois colegas de Eddington observariam o eclipse a partir do Brasil, e o próprio Eddington mais um técnico com talentos mecânicos do Observatório de Greenwich por ele escolhido, sr. E.T. Cottingham, o observariam a partir de Príncipe.

Experimentadores de outro país eram por vezes levados nessas expedições para auxiliar os pesquisadores do país patrocinador, mas nesse caso um óbvio candidato estrangeiro foi deixado de fora. Enquanto a guerra ainda estava em curso, teria sido impossível para Freundlich acompanhar qualquer das duas equipes, e mesmo depois que o armistício foi assinado, em novembro de 1918, esse tipo de colaboração transnacional provou ser uma empreitada excessiva para o pobre homem. Freundlich sem dúvida sabia que maio de 1919 era sua única grande chance, pois nenhum outro eclipse em que o Sol passava através de um campo de estrelas tão denso ocorreria por muitos anos. Como a maior parte das comunicações entre os dois lados continuava bloqueada, talvez tenha continuado a esperar a chegada de um convite. Falava inglês bastante bem e poderia obter a recomendação do próprio Einstein. Mas em fevereiro de 1919, o mês para o qual estava marcada a partida das expedições, já devia saber que isso não iria acontecer e que seria deixado para trás.

NA INGLATERRA, os preparativos para as duas expedições avançaram a princípio de maneira alarmantemente lenta, mas tornaram-se mais rápidos depois que a guerra foi perdendo a força. "Foi impossível conseguir que os fabricantes de instrumentos fizessem algum trabalho até depois do armistício",[5] escreveu Eddington. Depois que a luta de fato terminou, eles só tinham três meses para ficar prontos. Pouco antes que a equipe britânica deixasse a Inglaterra, um astrônomo originalmente inscrito para a seção brasileira que não pôde ir – padre A.L. Cortie – sugeriu que, junto com seu equipamento principal, os homens levassem também um telescópio relativamente pequeno de quatro polegadas como apoio, para o caso de alguma coisa dar errado. Eddington já tinha muita coisa para levar, mas Cortie insistiu, e assim o telescópio acabou na bagagem da equipe que iria para o Brasil.

Em fevereiro de 1919, com telescópios, caixotes, telas, espelhos, cigarros, dois metrônomos, certamente bastante chá e outros itens essenciais seguramente embalados, os quatro homens se reuniram no porto de Liverpool. Ali encontraram o *Anselm*, um navio à sua inteira disposição, o qual se provaria muito adequado para cruzar um mar perigoso que só recentemente se livrara dos U-boats alemães. Eles partiram da Inglaterra em 8 de março de 1919.

Em Madeira, a ilha portuguesa ao largo da costa de Marrocos, o grupo se dividiu, com a equipe do Brasil continuando, enquanto a dupla destinada a Príncipe ficou em terra, para que Eddington procurasse um navio em que eles pudessem conseguir espaço para o restante da viagem. Isso demandou quase um mês. Cottingham ficou entediado, mas Eddington, embora infelizmente sem sua bicicleta, usou seu tempo para escalar as montanhas locais, e também para visitar o cassino – escrevendo para a mãe que não o fazia para jogar, mas simplesmente porque se dizia que ali se servia um excelente chá. Se Eddington tivesse optado por jogar, é provável que sua agilidade matemática tivesse aumentado consideravelmente os fundos da expedição.

Por fim, no início de abril, ele encontrou um transporte que os levaria rumo aos trópicos. O mundo se recobrava da guerra apenas lentamente, e, ao deixar o porto, eles passaram por navios afundados com mastros de metal retorcidos inclinando-se fora da água. No mar aberto, os passageiros não eram informados sobre sua localização diária, pois, apesar do armistício, nenhum tratado de paz com a Alemanha fora assinado ainda, e oficialmente ainda existia um estado de guerra.

Dyson não tinha compreendido inteiramente a nova ideia de Einstein, mas conhecia geometria esférica o suficiente para ser capaz de traçar, de volta a seus aposentos em Greenwich, a rota aproximada que Eddington e Cottingham teriam de seguir. Isso, também, demonstrava o que os geômetras haviam aprendido. Se a Terra pudesse ser aberta, uma linha reta de Madeira a Príncipe seria, é claro, um caminho muito mais curto. Mas, como isso era impossível, eles teriam de tomar a rota mais longa, ao longo da superfície curva do planeta.

Eddington também sabia disso, mas, sendo a Terra tão grande, de sua posição no navio, tão próximo da superfície, o horizonte sempre parecia estar diretamente à frente, oscilando somente por causa das ondas que os erguiam ou deixavam cair. Havia o cheiro de combustível queimado à medida que os motores os impeliam para a frente, e o tédio prosseguiu dia após dia até que – de seu caderno de notas privado – "na manhã de 23 de abril, tivemos nossa primeira visão de Príncipe".

A ilha se destacava do mar, com montanhas centrais de oitocentos metros de altura parecendo arrastar pesadas massas de nuvem sobre elas. Havia densas florestas em toda parte. Em alguns lugares as ondas impetuosas batiam nas bases de penhascos escarpados que se elevavam a 150 metros, mas havia também enseadas onde o oceano desgastara a rocha vulcânica, e numa delas os pesquisadores desembarcaram.

Com temperatura de cerca de 27°C, Príncipe não era tão quente quanto se poderia esperar dos trópicos equatoriais, mas era úmido, e eles chegaram pouco antes do fim da estação chuvosa, por isso tempestades tremendas ainda eram constantes. Entre uma tempestade e outra, a ilha era tomada por nuvens de mosquitos. Eddington e Cottingham tinham de se cobrir, apesar do calor, para evitar enlouquecer com as picadas. Eles tomavam quinino diariamente, fizeram trabalhadores locais construírem cabanas pelo menos parcialmente à prova d'água e afastavam os macacos, às vezes com espingardas. Um lembrete mais pungente do quanto estavam longe de casa veio quando um dos donos das plantações da ilha os convidou à sua casa e exibiu com indiferença tigelas cheias de açúcar. Eles tiveram uma espécie de reação retardada: por causa do racionamento do tempo de guerra, fazia cinco anos que mal viam açúcar.

Pouco mais de três semanas depois que chegaram, era hora de se preparar para o eclipse. O pior das chuvas cessara vários dias antes, e para obter uma garantia extra de evitar nuvens eles tinham se mudado para um platô na ponta noroeste da ilha, o mais longe possível das montanhas centrais. O violento Atlântico situava-se a escarpadas centenas de metros abaixo. A floresta era tão densa que o equipamento não pôde ser transportado por burros no último quilômetro, e somente carregadores nativos puderam ajudá-los. Eles encontraram uma clareira, e de lá, no dia 29 de abril, estavam por fim em posição para a missão que os trouxera.

Eddington registrou o começo do eclipse em seu diário, recordando calmamente os fenômenos meteorológicos da manhã. "[De] manhã houve uma tempestade muito forte de cerca de 10h a 11h30 – uma ocorrência extraordinária nessa época do ano." Depois o Sol apareceu, mas só brevemente antes que as nuvens voltassem. À medida que o dia avançou eles tiveram vislumbres sedutores do Sol, e às 14h as nuvens errantes só o encobriam ligeiramente.

Não haveria mais que cinco minutos de totalidade, e isso começaria precisos cinco segundos após as 14h13. Eddington devia estar ansioso para que as nuvens obstruintes fossem embora depressa. Se Einstein estivesse certo, o Sol já estava distorcendo o espaço acima – como a pedra em nossa cama elástica retesada – de modo que a luz das estrelas no distante aglomerado Híades se inclinaria fortemente para tomar essa curva. A luz estelar teria estado viajando por trilhões de quilômetros nesse ponto. No entanto, se fosse bloqueada por nuvens apenas algumas centenas de metros acima do telescópio de Eddington, ele jamais seria capaz de provar coisa alguma.

Cottingham preparou o importantíssimo metrônomo e começou a dar avisos para Eddington a cerca de 58 segundos, 22 segundos e 12 segundos antes da totalidade. Quando o último crescente visível do Sol desapareceu e a floresta além de sua clareira mergulhou numa escuridão quase completa, ele gritou uma única palavra: "Vai!" Eddington estivera segurando a primeira chapa fotográfica e agora a introduzia rapidamente na ranhura, o mais delicadamente possível para não sacudir o telescópio. Cottingham continuou contando, gritando a cada décima ou décima segunda batida, de modo que Eddington pudesse saber quando extrair cada chapa para assegurar que a exposição fora correta.

Foram cinco minutos enervantes, e, quando eles terminaram, o grupo estava num estado de ânimo sombrio. Como Eddington lembrou: "Tínhamos de realizar nosso programa de fotografias com base na fé." Como tinha de estar a todo momento mudando as chapas, ele mal levantou os olhos para ver o eclipse. Quando este estava pela metade, ele deu uma rápida olhadela para avaliar a cobertura de nuvens. Ao final haviam feito dezesseis fotografias, mas, como tinha havido tantas nuvens, não sabiam se alguma seria utilizável. Todos estavam desapontados. Em seguida, para piorar as coisas, apenas minutos depois do apogeu do eclipse, o céu clareou por completo.

Desse momento em diante os pesquisadores ficaram absortos em decodificar as fotografias. Conseguiam revelar duas a cada noite, e fizeram-no durante seis noites, enquanto durante o dia começaram a tentar medir os deslocamentos da estrela distante que estavam buscando. Mas os resultados inconsistentes que obtinham em razão de todas as nuvens significavam que Eddington ainda não podia saber ao certo se o que tinham registrado confirmava ou não as previsões de Einstein.

O melhor que Eddington pôde concluir foi o que escreveu num telegrama que deixou em Príncipe para ser enviado a Dyson: ATRAVÉS DAS NUVENS PONTO ESPERANÇOSO PONTO EDDINGTON. Antes que pudesse completar a cuidadosa medição dos deslocamentos – efeitos que apareceriam como movimentos de meras frações de um milímetro em suas chapas, pouco mais que a largura de um cabelo humano –, eles tiveram de deixar a ilha. Um dos plantadores locais lhes transmitira rumores de que haveria uma greve de navios a vapor, e Eddington decidiu que era melhor eles tomarem o primeiro barco de volta, pois de outra maneira poderiam ficar presos na ilha por meses. A viagem por mar poderia estragar as chapas reveladas, mas eles já tinham passado tempo suficiente longe de Cambridge.

Se Eddington ficou desgostoso com o resultado de seu estudo depois que retornou à Inglaterra, pôde ao menos se consolar com o fato de que sua equipe não fora a única que tivera de lutar com suas medições. A expedição ao Brasil cambaleou de volta à Inglaterra mais tarde, e eles tinham sofrido um desapontamento ainda maior com seu grande telescópio. O céu estivera suficientemente claro, e as condições tinham sido muito melhores que na acidentada ilha do Príncipe. Haviam precisado usar o que aparentemente fora o primeiro carro jamais visto naquela região do Brasil para rebocar seu equipamento, que montaram com cuidado na pista de corrida convenientemente plana do hipódromo de Sobral. Havia água fresca, embora não muito fria, para revelar suas chapas de teste. Nos dias anteriores ao dia 29, gente interessada do lugar chegou a fazer fila para comprar ingressos para olhar através do telescópio.

Mas o próprio fato de o céu estar tão limpo provou-se um problema. A equipe brasileira mal estava a quatro graus de distância do equador, e o calor direto distorceu seu aparelho básico. As anotações da equipe, rabiscadas enquanto revelavam as chapas na noite após a exposição, registram seu pressentimento de que suas observações podiam ter sido um fracasso: "3h da manhã ... Houve uma séria mudança de foco, de modo que, embora as estrelas apareçam, a definição está prejudicada." Eles perceberam que isso ocorria porque o intenso calor provocado pela luz solar tinha feito o espelho de seu telescópio se expandir de maneira irregular.

O telescópio principal tinha frustrado a equipe brasileira – mas o padre Cortie sabia o que estava fazendo ao insistir em enviar junto um telescópio extra de quatro polegadas. Mais por um senso de obrigação que por qualquer outra coisa, a equipe do Brasil tinha inserido meia dúzia de chapas extras no ponto focal ideal desse pequeno aparelho – e a partir disso tinha acabado com as melhores chapas de toda a expedição: melhores que aquelas do pesado telescópio no hipódromo; melhores que as do telescópio igualmente grande de Eddington transportado de maneira muito árdua para tão acima do Atlântico nos penhascos nus de Príncipe.

Ao analisar as chapas de Príncipe, Eddington e seus assistentes em Cambridge trabalharam separadamente para se certificar de que sua manipulação não afetava as leituras. Duas das chapas não eram tão más quanto tinham temido, e Eddington pôde incorporar seus resultados também. Enquanto trabalhavam, sabiam que Einstein em seus cálculos finais em 1915 tinha obtido uma estimativa para a luz emitida de uma estrela distante, e ela seria curvada apenas numa medida muito pequena. Se você mantiver o dedo mínimo à distância de um braço, sua largura será de cerca de um grau de arco. Os astrônomos dividem esse grau em 60 minutos, e cada um desses minutos em 60 segundos. A previsão de Einstein era que a luz estelar que chegava seria desviada mero 1,7 segundo de arco (simbolizado como 1,70") ao passar perto do Sol, em relação ao lugar onde estaria se o Sol não estivesse ali e o espaço através do qual viajava fosse plano. Isso é menor que o mais ligeiro arranhão que você pode ver em seu dedo. É difícil detectar essas medidas. Iriam elas corresponder às previsões de Einstein, ou iriam afundar sua admirável nova teoria de uma vez por todas?

DOTADOS DE FORTE senso de dramaticidade, Dyson e Eddington planejaram adiar o anúncio dos resultados até que pudessem reunir uma grande e distinta plateia. Esse atraso significou também que cientistas que ouviram rumores sobre o que estava se passando ficaram ansiosos para saber o que realmente acontecera. De Berlim, Einstein – que mais tarde fingiu ter sabido o tempo todo que se comprovaria que estava certo – escreveu muito casualmente para um físico amigo nos Países Baixos, perguntando: "Por acaso você ouviu falar alguma coisa lá sobre a observação inglesa do eclipse solar?"[6]

Em novembro de 1919, seis meses após o eclipse, Eddington estava pronto. As descobertas seriam apresentadas numa grande sessão conjunta da Royal Society e da Royal Astronomical Society, no prestigioso cenário da Burlington House, a mansão onde ambas tinham sede em Piccadilly, em Londres. Dependendo dessas descobertas, o mundo saberia se as teorias de Newton – que tinham dominado todo o pensamento científico por mais de dois séculos – deveriam ser destronadas ou se as bizarras previsões do teórico suíço/alemão Einstein não mereciam nenhuma atenção adicional. O fato de que Newton servira outrora como presidente da Royal Society e de que sua presença ainda era muito sentida dentro daquelas fileiras apenas aumentava as apostas.

O chá foi servido às quatro da tarde, como sempre, e no correto estilo inglês os convidados tiveram de fingir não ter nenhum interesse especial pelo que se passaria em seguida. Por fim, por volta das quatro e meia, era hora de começar. Frank Dyson subiu ao pódio. O filósofo Alfred North Whitehead estava presente e recordou mais tarde: "Toda a atmosfera de tenso interesse era exatamente igual à do drama grego … Houve uma qualidade dramática na própria encenação: o cerimonial tradicional, e no pano de fundo o retrato de Newton para nos lembrar de que a maior das generalizações científicas estava agora, após mais de dois séculos, para receber sua primeira modificação. Não faltava tampouco o interesse pessoal: uma grande aventura no pensamento havia finalmente aportado em segurança."[7]

Dyson falou, depois o chefe da expedição ao Brasil, e por fim foi a vez de Eddington anunciar os resultados da expedição. Mais de um ano de trabalho estivera sendo gradualmente preparado para esse momento, e grande parte do esforço de Einstein dependia dele também.

Se estivesse na sala, Einstein não teria se desapontado. A deflexão prevista, anunciou Eddington, era 1,70". Os resultados mais confiáveis das duas expedições marcaram 1,60", com uma margem de erro de 0,15". Dyson o disse com simplicidade: "Após um cuidadoso estudo das chapas, estou pronto a dizer que não pode haver dúvida de que elas confirmam a previsão de Einstein"[8] – isto é, sua previsão de que a luz se curvaria quando chegasse perto do Sol. Com base nas mais recentes evidências, a nova descrição geométrica de Einstein de coisas com massa suficientemente grande curvando o espaço o bastante para que essa curvatura possa ser detectada havia sido comprovada.

Um membro não convencido da plateia apontou para o retrato de Newton e disse: "Devemos a esse grande homem proceder muito cuidadosamente ao modificar ou retocar sua Lei da Gravitação."[9] Ninguém estava ouvindo. De fato, o presidente oficial da reunião – o idoso ganhador do Nobel J.J. Thomson, descobridor do elétron – levantou-se para encerrar a sessão e deu sua respeitada palavra a favor de Einstein. "Este é o mais importante resultado obtido em conexão com a teoria da gravitação desde os dias de Newton", disse ele ao grupo. "É ... o resultado de uma das mais elevadas realizações no pensamento humano."[10]

O pensador por trás dessa "mais elevada realização" ainda era desconhecido pelo grande público, mas o establishment científico dera à sua teoria o supremo apoio oficial. Não demoraria para que o mundo conhecesse o nome Albert Einstein.

Interlúdio 2

O futuro, e o passado

De volta a Cambridge, mais de uma década após sua expedição decisivamente importante à ilha do Príncipe, Arthur Eddington viu-se sentado diante da lareira no Senior Combination Room em Trinity College, junto com Ernest Rutherford, diretor do maior laboratório de física de Cambridge, e um punhado de outros convidados. Veio à tona o assunto da fama, da celebridade pública, e um dos jovens convidados perguntou por que nos últimos anos Einstein tivera tanta aclamação pública, ao passo que quase ninguém no grande público sabia quem era Rutherford, apesar de seu prêmio Nobel. Afinal de contas, fora Rutherford, mais do que qualquer pessoa, que revelara a estrutura interna do átomo.

"Bem, a culpa é sua, Eddington", brincou Rutherford. Nem todos compreenderam de imediato o que ele queria dizer. Todos os presentes – inclusive o brilhante jovem pesquisador indiano que mais tarde contaria a história – sabiam que a apresentação dramática de Eddington na Royal Society em novembro de 1919 tivera algum efeito sobre a reputação de Einstein, mas por que ela tinha sido tão esmagadora?

Os homens se acomodaram em suas fundas poltronas, e Rutherford falou, mais refletidamente dessa vez. A guerra acabara de terminar quando Eddington anunciou os resultados de seu estudo, recordou Rutherford. A astronomia sempre atraíra a imaginação do público. Agora as pessoas ficaram sabendo que uma previsão astronômica de um cientista alemão fora confirmada por expedições britânicas – preparadas enquanto os dois países estavam em guerra – ao Brasil e à África Ocidental. A harmonia era possível. A verdadeira paz era possível. A descoberta "tocou uma corda sensível", concluiu Rutherford, "e em seguida o tufão da publicidade atravessou o Atlântico".

E foi de fato um "tufão", pois o que aconteceu com Einstein após aquela reunião na Royal Society foi sem precedentes – inimaginável até, ao menos na época.

Começou, como muitas coisas começam hoje em dia, na mídia. O *Times* de Londres tinha sido moderadamente contido em sua cobertura da reunião, mas o mesmo não podia ser dito de seus muitos homólogos do outro lado do oceano. Embora o *New York Times* tivesse alguns excelentes repórteres, o melhor que pôde enviar a Londres para a reunião da Burlington House de última hora foi Henry Crouch, o principal correspondente de golfe do jornal, que pensava que passaria seu tempo na Grã-Bretanha em St. Andrews e outros campos de golfe igualmente encantadores. Ele teria sido o primeiro a admitir que estava muito longe de ser uma autoridade na matemática do espaço-tempo de quatro dimensões. Crouch compreendeu, no entanto, que algo extraordinário tinha acontecido, e seu entusiasmo foi transmitido aos autores de manchetes do *New York Times*. Em consequência, apenas seis dias após a grande reunião, o jornal anunciou:

TODAS AS LUZES RETORCIDAS NO CÉU

Homens de ciência mais ou menos eletrizados com
os resultados das observações do eclipse.

TEORIA DE EINSTEIN TRIUNFA

As estrelas não estão onde pareciam ou os cálculos diziam
que estavam, mas ninguém precisa se preocupar.

UM LIVRO PARA DOZE SÁBIOS

Ninguém mais no mundo poderia compreendê-lo, disse
Einstein quando seus ousados editores o aceitaram.

A manchete era apropriadamente de tirar o fôlego, mas de uma incorreção impressionante. As estrelas estavam exatamente onde Einstein havia previsto: esse foi, na realidade, todo o sentido da expedição. Crouch nunca tinha conversado com Einstein e inventara a citação sobre não haver mais de doze homens capazes de compreender a teoria.

Nada disso importava. Rutherford estava certo ao dizer que as pessoas tinham gostado da harmonia internacional que a expedição de Eddington havia demonstrado. Houvera alguns outros exemplos de cooperação após a guerra – em exploração e medicina –, no entanto somente Einstein ganhou um desfile em carro aberto diante de dezenas de milhares de pessoas nos Estados Unidos, viu enormes auditórios se encherem horas antes que ele aparecesse em Praga e Viena e foi cercado por multidões em premières de cinema. Quando estava em casa, em Berlim, cartas chegavam sem parar, centenas delas, e depois milhares. Elas eram entregues em tais volumes que ele uma vez sonhou que não conseguia respirar, porque "o carteiro berrava comigo, arremessando pacotes de cartas".

Ajudava o fato de que Einstein tinha uma informalidade que contrastava com o esnobismo da classe alta que havia governado o mundo durante a Grande Guerra. Os repórteres adoraram a história de quando, ao receberem Einstein para fazer um importante discurso na Universidade de Viena, autoridades na estação ferroviária esperaram e esperaram que o grande homem emergisse do vagão de primeira classe. Foi então que – lembrando a visita de Max von Laue ao Departamento de Patentes em 1907 – viram a figura familiar, bem longe na plataforma, caminhando sozinha muito satisfeita desde o vagão de terceira classe que havia tomado: estojo de violino numa das mãos, cachimbo de urze e maleta na outra.

Mas havia razões adicionais para a fama. Levantar os olhos para as estrelas transmite a sensação de levantar os olhos para o divino. A humanidade sempre havia desejado compreender as maneiras de Deus – saber por que o caos ocorre e como os significados que queremos crer que se situam por trás dele poderiam ser encontrados. E isso, o mundo estava convencido, era o que um tranquilo e reflexivo físico suíço/alemão tinha descoberto.

Acima de tudo, no entanto, a fama de Einstein foi um resultado do trauma que o mundo acabara de sofrer. Milhões de homens tinham morrido na Grande Guerra, e inúmeras famílias tinham perdido um pai, um filho, um marido. Havia a necessidade de encontrar algum caminho de volta. Sessões espíritas tornaram-se populares, ainda que repetidamente se demonstrasse que eram conduzidas por charlatões. Era penoso demais pensar que os mortos haviam desaparecido tão completamente que nenhum contato – nem mesmo um sussurro – podia ser mantido. Uma alternativa parecia mais plausível do que poderia ter sido em tempos anteriores, porque os proprietários de casas começavam a instalar grandes máquinas operadas a eletricidade – os primeiros rádios – em cozinhas e salas de estar, e através desses aparelhos era possível ouvir vozes que haviam viajado invisivelmente por longas distâncias. Quem sabia o que mais poderia estar viajando invisivelmente, esperando, em algum lugar além?

Isso era o que o trabalho de Einstein também parecia prometer, pois ele mostrava que pelo menos algumas formas de viagem no tempo são claramente possíveis. Antes dele, dera-se por certo que vivemos em três dimensões e que, de maneira inteiramente separada – formando ângulos retos com isso, poderíamos dizer –, há uma quarta dimensão, do tempo, através da qual nos movemos para a frente numa velocidade constante e inalterável. Einstein transformou tudo isso. O raciocínio que levou à sua previsão sobre a curvatura da luz estelar quando ela se aproximava do Sol também leva a essa previsão de que o tempo "se curva" dependendo da força da gravidade à sua volta. Em geral não notamos isso, porque os efeitos são muito pequenos na gravidade bastante fraca e uniforme à nossa volta na Terra e nas velocidades – tão menores que a velocidade da luz – com que nos deslocamos. Mas Einstein havia revelado essa verdade insuspeitada sobre o tempo, e, com o sucesso da expedição de Eddington, todos ficaram sabendo agora que ele estava certo. Em circunstâncias particulares, alguns de nós podemos viajar para a frente através do tempo – podemos ser rapidamente transportados para o futuro – em velocidades maiores que outros.

Estranhas implicações decorrem dos fatos da natureza que Einstein descobriu. Pense no que poderia acontecer quando nosso explorador que foi sequestrado por piratas do tempo e arrastado em altas velocidades através da galáxia fosse finalmente resgatado. O explorador estivera vivendo dentro de um tempo que, de sua perspectiva, está se movendo muito mais lentamente que o de seus resgatadores; os resgatadores estiveram vivendo dentro de um tempo que, de sua própria perspectiva, está se movendo mais rapidamente que o do explorador. Evidentemente, se eles conseguirem libertá-lo dos piratas do espaço sem muito atraso, haverá pouca chance para essa diferença se estabelecer. Mas, se os piratas o rebocarem numa enorme e tortuosa viagem antes que seus resgatadores finalmente o alcancem, eles poderiam ser décadas mais velhos, ao passo que ele – tendo viajado a uma velocidade muito alta, próxima à velocidade da luz – terá envelhecido somente alguns dias. Nesse caso, ele poderia estar apenas uma semana mais velho ao ser encontrado, mas os resgatadores originais terão morrido há muito tempo, e serão seus descendentes distantes que o acolherão.

Essas coisas desconcertantes não são meramente imaginadas, postuladas, não provadas. Einstein mostrou que elas afetam não apenas nossos mecanismos de medição, mas a própria realidade. Um viajante às estrelas poderia voltar depois do que para ele não teriam sido mais do que dois ou três anos, mas, enquanto ele ainda seria jovem, milênios teriam se passado da Terra, e todas as pessoas que ele conhecia – possivelmente até sua civilização – teriam desaparecido há muito tempo.

Se esses efeitos fossem ampliados de modo a se tornarem perceptíveis mesmo nas velocidades ordinárias e nos campos gravitacionais usuais a que estamos acostumados na Terra, alguém dirigindo com rapidez suficiente para uma aula de ginástica passaria só um minuto no carro segundo a sua própria medição, enquanto os amigos à sua espera o estariam observando dirigir durante meia hora do tempo deles. Pais que tivessem condições de alugar apartamentos nos andares superiores de altos arranha-céus – onde a gravidade é mais fraca – envelheceriam muito mais lentamente que filhos que deixassem em internatos no térreo. Eles poderiam passar uma única semana lá em cima enquanto seus filhos avançariam através de todos os anos desde a escola primária até a graduação.

Esses eram os tipos de resultados que provocavam comentários perplexos como aquele do eminente cientista e líder sionista Chaim Weizmann: "Einstein passou semanas me explicando sua teoria da relatividade, e no fim eu estava convencido de que ele a compreendia." Mas as descobertas de Eddington mostravam que de alguma maneira, extraordinariamente, a relatividade era verdadeira. A luz estelar distante não se desviava em volta do Sol apenas porque o próprio espaço-tempo estava se curvando. Mais exatamente, o tempo estava passando a taxas diferentes também. (É difícil conceber isso, mas imagine a luz estelar que chega como sendo composta por uma fileira de feixes de luz todos correndo à frente em paralelo, como uma fileira de velocistas. Os que estão do lado de fora têm um tempo maior para avançar uma dada distância, e é assim, como os corredores fazendo uma curva inclinada, que toda a série começa a se desviar.)

Quão mais longe poderiam ir os insights de Einstein? O fato de que com a tecnologia adequada poderíamos acelerar rumo ao futuro era impressionante. Depois da Grande Guerra, porém, muita gente teria dado qualquer coisa para ser capaz de viajar na outra direção, para o passado – se não para trazer de volta vidas perdidas, então para ganhar mais tempo, ainda que apenas uma última hora, com aqueles que amavam antes que uma bala ou um obus os derrubassem.

Embora alguns desenvolvimentos recentes do trabalho de Einstein tenham sugerido que talvez seja de fato possível viajar para trás no tempo, na esteira imediata da expedição de Eddington, nenhum físico, nem mesmo Einstein, via como fazer isso. Mesmo nessa época, porém, eles apreciavam uma outra implicação consoladora da teoria: não completamente a capacidade de viajar para o passado, mas não completamente tampouco uma aceitação de que aqueles que amamos estão de todo perdidos.

No mundo antes de Einstein, todos acreditavam que evidentemente dois eventos que uma pessoa considera simultâneos têm que ser igualmente simultâneos para todos os demais. Mas o trabalho de Einstein revelou que não é assim. Mesmo vários anos depois que a Primeira Guerra Mundial terminou pela nossa contagem do tempo, havia locais além de nossa galáxia a partir dos quais o vasto número de mortes nas trincheiras e em outros campos de batalha ainda não havia ocorrido.

Isso não era apenas um artefato de mensuração ou uma fantasia dos místicos, como nos versos de William Blake. "Vejo Passado, Presente e Futuro, existindo todos ao mesmo tempo/ Diante de mim." Se pudéssemos estar num desses locais distantes agora mesmo, também nós estaríamos vivendo num tempo em que um marido ou amigo alvejado no passado ainda estaria vivo. O problema, porém, era que essas perspectivas envolviam velocidades e acelerações relativas tão tremendas que, conforme mostravam as equações de Einstein, nunca seríamos capazes de chegar a elas, pois nunca poderíamos viajar com rapidez suficiente para tanto: as tecnologias atuais não podiam nos levar nem perto das velocidades requeridas.

Ainda assim, o conhecimento de que tais realidades eram possíveis, mesmo que apenas num nível teórico, era consolador para muitos – inclusive para o próprio Einstein. Muitos anos mais tarde, quando seu amigo Michele Besso morreu e ele próprio tinha 76 anos – com problemas cardíacos e outros problemas de saúde, e sabendo que seu próprio fim estava próximo –, Einstein escreveu para a família do amigo sobre a profunda compreensão que extraía dessa ideia: "Agora ele me precedeu brevemente em sua partida deste estranho mundo. Isso não significa nada. Para aqueles de nós que acreditam na física, a distinção entre passado, presente e futuro é apenas uma ilusão, por mais tenaz que essa ilusão possa ser."

Apesar – ou mais provavelmente por causa – de seu apelo popular cada vez maior, grande parte do trabalho teórico de Einstein ficou distorcido no entendimento popular. Quase imediatamente depois que os resultados de Eddington foram difundidos, apareceram livros, palestras e programas de rádio sobre o trabalho do grande homem, muitos do quais compreendiam suas teorias erroneamente. Mas bastante do que Einstein havia realizado acabou chegando ao público.

Nenhum outro cientista jamais havia sido tão aclamado, ainda que ninguém – nem Rutherford, nem o próprio Einstein – pudesse saber ao certo por que isso ocorria. No entanto, fossem quais fossem as razões, praticamente da noite para o dia, multidões de pessoas passaram a pensar em Einstein como alguém que tinha visto o que a humanidade jamais imaginara – que fora capaz de chegar até o céu e trouxera de volta, se não a salvação, pelo menos um vislumbre do que uma realidade mais profunda poderia ser.

11. Rachaduras no alicerce

EINSTEIN DEVERIA ESTAR FELIZ. Venerado no mundo inteiro desde a confirmação de sua teoria por Eddington em 1919, ele foi contemplado com o prêmio Nobel de 1921 por seu trabalho em física teórica. Astros do cinema e membros de famílias reais queriam estar perto dele; as aparições em que era cercado por multidões continuavam. Mas, em meio a essa aclamação, a essa fama, ele começou a se preocupar com uma consequência de sua célebre teoria – e sua angústia profissional foi também agravada por crescente estresse em sua vida pessoal.

Seu divórcio de Mileva Marić (finalmente concluído em 1919) lhe dera liberdade, mas o afastara de seus dois amados filhos. Ele tentava lhes escrever longas cartas carinhosas, mas eles não estavam com nenhuma disposição para aceitar as tentativas de aproximação do pai. Quando conseguiu que os meninos fossem visitá-lo em Berlim, comprou um telescópio e o instalou em sua sacada para eles usarem, mas isso também não ajudou. Quando viajou à Suíça para levá-los no tipo de férias para caminhadas de que gostavam antes, tudo foi artificial, forçado. Uma vez, exasperado, ele escreveu para o menino mais velho, Hans Albert, de Berlim, repreendendo-o por ser tão frio. Mas Hans Albert estava igualmente irritado: seu pai os estava abandonando, então como podia esperar alguma gentileza em troca? Mais tarde Hans Albert recordou que se sentia como se um "véu sombrio" tivesse caído e sido deixado sobre o que restava da vida em família deles.[1]

Einstein se enfurecia com Marić por envenenar a mente dos filhos contra ele, mas devia saber que era em parte responsável – e para quê? A vida com Elsa Lowenthal não se mostrara como esperara. Ele havia pretendido manter a ligação estritamente em seus termos, tendo escrito para Besso em 1915 que era "[uma] relação excelente e verdadeiramente agradável ... sua estabilidade será garantida pela fuga do casamento".[2] Lowenthal, no entanto, tinha uma visão diferente, e em junho de 1919 – enquanto Eddington ainda estava na ilha tropical do Príncipe – eles tinham se casado. Quase imediatamente após o casamento, alguma coisa mudou. Marić se ressentia da maneira como era deixada de fora de suas discussões científicas, mas pelo menos compreendia as principais linhas de seu trabalho. No entanto, embora a falta de educação científica de Lowenthal não tivesse sido um problema quando Einstein estava se recuperando do casamento desfeito, agora ele descobria que por trás de sua exuberância natural havia um intelecto que deixava muito a desejar. "Ela está longe de ter uma mente brilhante",[3] comentou.

Durante o namoro, Lowenthal concordara com Einstein sobre os prazeres de uma vida informal e apreciara sua zombaria dos berlinenses ricos, estabelecidos. Mas, depois que eles se mudaram para o apartamento de sete peças dela num prédio com um saguão grandioso e um porteiro uniformizado, ele se sentiu preso entre os tapetes persas, a mobília pesada e as cristaleiras cheias da mais fina porcelana da mulher. Alguns dos amigos dela eram sérios, mas a maioria, ele começava a ver, não passava de socialites fofoqueiros. O pior de tudo foi que ela começou a tratá-lo como bebê. "Eu me lembro", escreveu sua filha, "que minha mãe frequentemente dizia durante o almoço: 'Albert, coma: não sonhe!'"[4] Era tudo muito longe de ser romântico.

Logo Einstein começou a ter casos. Sua mera presença, lembrou-se um arquiteto que o conheceu bem, "agia sobre as mulheres como um ímã sobre limalha de ferro".[5] Algumas dessas mulheres eram mais jovens que Elsa, algumas mais ricas, algumas ambas as coisas. O que elas viam era um dos homens mais famosos do planeta, que se afastava contudo do estereótipo do intelectual maçante. Ele continuava em boa forma e tinha ombros largos (como notaram amigos que o viram tirar a camisa); gostava de contar piadas irônicas sobre judeus e tinha um uso da linguagem direto, ao estilo da região da Suábia, na Baviera. Atrizes como a renomada Luise

Einstein com a atriz alemã Luise Rainer, meados dos anos 1930. O marido dela ficou enciumado de seu flerte com o grande cientista, embora o auge das aventuras amorosas de Einstein tenha de fato acontecido uma década antes

Rainer logo desejavam ser vistas com ele. Einstein passava noites com uma viúva rica no casarão que ela possuía em Berlim e acompanhava outra mulher, uma elegante empresária, a concertos ou ao teatro, andando com ela em sua limusine com motorista.

O contraste entre essas outras mulheres e Elsa, com sua tagarelice e seu desapontamento cada vez mais perplexo, era penoso para todos. Einstein gostava de ir velejar, e, quando conseguia encontrar uma folga, rumava para a casa de campo perto de um lago não longe de Berlim, onde mantinha seu barco a vela *Tümmler* (golfinho em alemão). Passava horas sozinho no barco, ajustando a cana do leme sonhadoramente enquanto os ventos o empurravam para cá e para lá. Sua empregada descreveu uma visitante regular à casa de verão quando Elsa não estava lá. "A austríaca era mais jovem que Frau Professor", lembrou a criada, "e era muito atraente, animada e gostava muito de rir, exatamente como o Professor."[6] Numa ocasião memorável, Elsa encontrou uma "peça de roupa" de outra mulher ainda no barco, e eles tiveram uma discussão que, em sua fúria fria, se prolongou por semanas. Homens e mulheres não eram destinados a ser monógamos, insistia ele. Elsa confidenciou a algumas amigas íntimas que viver com um gênio não era fácil – nada fácil.

Esse não era o casamento com que nenhum dos dois tinha sonhado. Na carta que escreveu para os filhos adultos de Besso, consolando-os após a morte do pai, Einstein concluiu: "O que eu mais admirava nele como pessoa era o fato de ter conseguido por muitos anos viver com a mulher não somente em paz, mas em constante harmonia – algo em que eu, ao contrário, fracassei vergonhosamente duas vezes."[7]

Se esse fosse o único fracasso de Einstein, poderia ter sido tolerável. Mas ele estava enfrentando um problema ainda pior. Já em 1917, no que deveria ter sido o apogeu de sua façanha, havia descoberto o que parecia ser uma falha catastrófica em sua notável equação G=T, e isso o vinha atormentando cada vez mais à medida que a década de 1920 avançava.

IMEDIATAMENTE APÓS CHEGAR à equação que explicava a gravitação em dezembro de 1915, Einstein estivera radiante, mas exausto. Só quando 1916 já estava em curso ele começou algum outro trabalho, e só no fim de 1916 teve energia para retornar a G=T.

Tudo que tinha feito até então com essa equação havia se concentrado no modo como ela se aplicava a objetos particulares, como a órbita de Mercúrio em nosso sistema solar, ou a trajetória da luz de estrelas distantes particulares quando viajava perto de nosso Sol. Agora, ele decidiu, "desejo tomar porções maiores do universo físico em consideração".[8] A ideia era explorar como G=T podia se aplicar à massa de todo o universo.

Foi então que Einstein descobriu o que parecia ser uma falha catastrófica. Os cientistas de seu tempo acreditavam que o universo era estático, fixo, imutável: cheio com uma coleção de estrelas que se estendiam a uma distância muito grande, algumas das quais podiam se mover ligeiramente de um lugar para outro, mas que, no todo, nunca mudavam de maneira alguma. No entanto, G=T previa algo muito diferente. Se as "coisas" que flutuam no espaço já estivessem suficientemente separadas umas das outras, a equação permitia que seu movimento aleatório começasse a enviá-las para mais longe ainda umas das outras. Mas, pior, também parecia permitir uma outra situação hipotética possível. Se certo número das "coisas" que flutuam de um lugar para outro no espaço estivessem próximas o suficiente de modo que começassem a se aglomerar, a curvatura no espaço que isso criaria poderia fazer ainda mais objetos começarem a deslizar em direção a elas, produzindo assim um colapso descontrolado.

O efeito seria como se um enorme objeto caísse no oceano Pacífico e gerasse um turbilhão tão grande que tudo no planeta – água, depois ilhas e logo continentes inteiros – começasse a ser sugado em direção a ele. O equivalente na escala de nosso universo seria um "vale" que abrangesse todo o céu tomando forma no espaço, fazendo tudo tombar dentro dele. Mais ainda, o vale começaria a se dobrar sobre si mesmo à medida que todas as coisas acumuladas nele – toda a massa e energia que caíssem dentro – tornassem a curva ainda maior, e o próprio espaço começasse a desmoronar.

Einstein não era astrônomo, mas conhecia os fundamentos – o bastante para acreditar que a situação hipotética que sua teoria estava gerando parecia impossível. Nosso sistema solar tem planetas que giram em torno de um único sol central. Nossa Via Láctea está cheia de estrelas semelhantes: algumas maiores, algumas menores, mas todas, acreditava-se, pairando em posições bastante fixas. Isso era tudo que havia. Era o que o filósofo Immanuel Kant havia descrito como um "universo insular": fixo, estável, inalterável por todos os tempos. Era por isso que as constelações de que os antigos haviam falado – Virgem, Sagitário etc. – ainda se encontravam aproximadamente nas mesmas posições no céu noturno. Mas Einstein via agora que, se sua simples equação G=T de 1915 fosse verdadeira, isso não poderia ocorrer, e tudo se moveria constantemente.

Por isso o seu dilema. Ele amava a simplicidade e clareza de sua equação. Era maravilhoso pensar que o universo estava arranjado para seguir uma lei tão simples e bonita. Ela fazia previsões excitantes, nítidas, sobre o que estava acontecendo em nosso sistema solar, como luz estelar desviando-se de seu curso perto do Sol. No entanto, sua equação também parecia prever que, numa escala muito maior, o universo como um todo estava mudando – que todas as estrelas no céu iriam um dia escapar-se para sempre ou começar a cair umas sobre as outras num colapso gigantesco. Todos os astrônomos respeitados, contudo, insistiam que isso era falso, pois todas as suas observações pareciam mostrar que o universo era fixo, estável, inalterável para sempre em tamanho. Como poderia o consenso de todos os maiores astrônomos do mundo estar errado?

Alguma coisa tinha de ceder, decidiu Einstein, e se os fatos observáveis sobre o universo não iriam mudar ele teria de fazê-lo. Como sua equação de 1915 previa que o universo estava mudando, ele tinha de consertá-la, para que ela não fizesse essa previsão. O que ela dizia sobre efeitos de pequena escala, como nosso Sol fazendo o espaço vergar o bastante para defletir luz estelar que passasse nas suas proximidades, ainda teria permissão para se manter. Mas o que dizia sobre efeitos de maior escala – aqueles que moldavam o universo como um todo – teria de ser corrigido. Assim, em fevereiro de 1917, dirigindo-se à Academia Prussiana em Berlim, Einstein declarou: "O fato é que cheguei à conclusão de que as equações da gravitação até agora apresentadas por mim precisam ser modificadas, de modo a evitar essas dificuldades fundamentais."[9]

Ele teria de alterar sua bela equação G=T, mas como?

Einstein tinha matutado longamente sobre o problema, e em seu discurso de 1917 apresentou o único remendo possível em que pôde pensar. Era preciso inserir um termo extra em sua equação original. Esse novo termo retiraria parte do poder no lado esquerdo da equação – aquele que dizia respeito à geometria do espaço. Ele viria a ser conhecido como a constante cosmológica, porque era um número fixo, ou constante, que operava no nível do cosmo. Einstein simplesmente representou o novo fato pela letra grega lambda (Λ). Em vez de G=T – uma equação tão bela, tão simétrica –, ele agora teria o desequilibrado G–Λ=T.

Os detalhes de como Einstein chegou à constante cosmológica são sutis, mas podemos pensar nisso da seguinte maneira: G representa a geometria de nosso universo, e ela é tão fortemente curvada que tem um valor elevado, o suficiente para fazer as estrelas desabarem, como grandes pedras caindo num vasto buraco. Retire certa quantidade desse puxão, e as estrelas não desabarão, mas permanecerão em vez disso flutuando, bastante imóveis, como quase todos os astrônomos da época pensavam ser o caso. Seria como se Einstein tivesse redesenhado a profundidade desse buraco, de modo que não fosse tão profundo, e as grandes pedras não mais começassem a desabar precipitadamente dentro dele. Foi isso que a inserção de lambda fez.

Ele se sentiu desconfortável com a mudança desde o início. "Esse termo", declarou sobre o lambda do pódio em Berlim, "é necessário somente para o propósito de tornar possível uma distribuição quase estática da matéria, tal como exigido pelo fato das pequenas velocidades das estrelas."[10] Os astrônomos lhe haviam assegurado que todas as estrelas que víamos só se moviam bastante lenta ou aleatoriamente umas entre as outras, e essa "distribuição quase estática da matéria" não resultaria de sua equação original. Somente com a mudança que agora inseria a contragosto ele poderia permanecer fiel ao que as evidências observacionais pareciam mostrar.

O lambda podia ter sido necessário para pôr a equação de Einstein em consonância com as mais recentes descobertas astronômicas, mas ele sentia que a adição era "gravemente prejudicial à beleza formal da teoria".[11] A seu ver, simplicidade e beleza eram nossos melhores indícios de uma verdade subjacente. Ele não acreditava que alguma divindade ou força da natureza teria começado a criar um universo de acordo com princípios ultrassimples e depois desajeitadamente inserido tal correção. O G=T original de 1915 podia ter sido uma visão da mão de Deus, revelando uma criação que se comprazia na simplicidade. Seus dois símbolos surgiam da natureza do universo: o *G* da essência de como o espaço se curvava, e o *T* da simples existência de coisas no espaço. O novo e desajeitado Λ, no entanto, era apenas um componente arbitrário, acrescentado ao lado esquerdo para tornar o puxão da gravidade mais fraco – em nossa imagem acima, para tornar o "buraco" de nosso universo menos íngreme, de modo que as estrelas (as "grandes pedras" na imagem) não tombassem nele.

Nos quartetos de corda que Einstein amava tocar, cada nota tinha seu lugar, cada instrumento seu papel. Ninguém iria de repente arrastar uma grande tuba para a sala e fazer ressoar aleatoriamente um barulho para deter a direção natural da partitura. Era com isso que a mudança do direto G=T para o desajeitado G–Λ=T se parecia.

Mas a palavra dos astrônomos do mundo era inequívoca. Nosso Sol existe numa ilha de estrelas chamada Via Láctea. Eles insistiam que ela não estava se expandindo, que mais além havia simplesmente escuridão infinita. Se não tivesse acreditado de maneira tão profunda na necessidade de reagir às evidências experimentais, Einstein talvez não tivesse introduzido essa correção. Mas, naquele estágio de sua vida, os fatos eram absolutamente tão importantes para ele quanto o simples jogo da intuição. Como sua equação de 1915 previa o oposto do que os fatos pareciam mostrar, essa equação tinha de estar errada.

Esse foi seu primeiro grande erro.

O pleno efeito de seu erro não ficaria claro até anos mais tarde, mas nesse meio-tempo Einstein tentou se convencer de que sua teoria original não era um completo fracasso. O efeito que precisava contrabalançar com o lambda só se tornava perceptível em distâncias imensamente grandes. Seu valor podia ser fixado tão pequeno que na escala de nosso sistema solar os cálculos ainda seriam precisos, como se a simples equação original G=T fosse tudo que se aplicava. Era por isso que as previsões com que Eddington estava trabalhando permaneciam válidas.

Embora pudesse se consolar com as descobertas de Eddington, Einstein não conseguiu fazer as pazes com o fato de que sua bela teoria original parecia ser fundamentalmente incorreta. O que o atormentava em especial era a questão de por que o universo tinha sido construído para ter aquele termo extra ali dentro de alguma maneira.

Apesar dessas dúvidas íntimas, ele começou a defender o desajeitado G−Λ=T, aceitando que a visão brevemente vislumbrada por ele do perfeito e ultrassimples G=T não era, de alguma maneira, como o universo funcionava. Não gostou da mudança, mas se acostumou com ela.

Embora os resultados de Eddington em 1919 lhe tenham proporcionado grande fama e feito com que parecesse uma imagem da perfeição, a realidade de sua vida era diferente. O mundo pensava que Einstein era um homem bondoso e humilde, satisfeito com o rumo que sua vida tomara. No entanto seu segundo casamento estava longe do que tinha esperado e os filhos que amava estavam lhe escapando.

O mundo também pensava que ele tinha criado equações de extraordinário discernimento, aproximando-se da sabedoria do próprio Deus. No entanto Einstein, com sua inserção do lambda, sabia que isso era uma mentira: ou ele ainda não tinha alcançado o nível mais profundo da verdade, ou o universo carecia da simplicidade que tanto queria acreditar estar ali.

PARTE IV

Ajuste de contas

Einstein em seu veleiro favorito na Alemanha, anos 1920

12. Tensões crescentes

EINSTEIN NÃO ESTAVA SOZINHO ao duvidar da necessidade de lambda em sua equação gravitacional. O mesmo fazia um matemático russo chamado Alexander Friedmann.

Veterano da Grande Guerra, Friedmann era um homem tristonho cuja aparência – tinha um bigode caído, pequenos óculos redondos e uma expressão que parecia dizer que esperava que as coisas dessem errado – correspondia à sua natureza depressiva. No fim de 1914, alguns meses após o início da guerra, Friedmann escreveu para seu professor favorito, Vladimir Steklov, na Universidade de São Petersburgo: "Minha vida está bastante calma, exceto por acidentes como a explosão de uma bomba austríaca a menos de quinze centímetros, e caindo no meu rosto e cabeça. Mas a gente se acostuma a tudo isso."[1] Friedmann havia decidido se formar como piloto, o que, num atípico rompante de otimismo, estava fazendo porque lhe haviam garantido que "não é mais perigoso". Steklov lhe respondeu que essa era uma ideia excepcionalmente ruim.

Há uma lacuna na correspondência existente, mas logo Friedmann estava agradecendo à mulher do professor pelas roupas quentes que ela lhe mandara, que lhe pareceram excepcionalmente úteis, dados seus voos regulares a grande altura no ar gelado do inverno. O conselho do professor havia sido ignorado. Ele também agradecia a Steklov por lhe mandar algumas interessantes equações diferenciais para examinar, embora se desculpasse por sua falta de rigor nas soluções que rapidamente mandara de volta, observando que era difícil levar adiante investigações apropriadas em suas circunstâncias. Descreveu no entanto para Steklov os cálculos que elaborara a fim de encontrar as melhores posições de lançamento para as bombas que acabara soltando sobre a vasta fortaleza inimiga em Przemyśl com uma precisão que impressionou, ainda que tenha igualmente perturbado, seus ocupantes austríacos e alemães.

Friedmann comentou também que estava sendo enviado para combates aéreos contra a força aérea alemã, a qual, disse ele, era parte de um exército "com excelente organização e equipamento", em contraste com "a falta de ambos no nosso".[2] Uma vez, um avião alemão disparou suas novas metralhadoras de tiro rápido contra Friedmann. A única defesa dele era uma velha carabina, que tinha de ser levantada e segurada à distância de um braço antes de, com enorme estrondo, soltar uma única bala. ("A distância entre nossos aviões sendo extremamente pequena … isso provoca na gente uma sensação terrível",[3] escreveu ele.) Quando suas missões terminaram, ele recebeu a Cruz São Jorge por bravura.

Sobrevivendo à guerra, assim como à revolução, à contrarrevolução e à contra-contrarrevolução na Rússia – para não mencionar pobreza, falta de comida e combustível e epidemias –, Friedmann deparou com os artigos de Einstein por volta de 1920. Nessa altura, estava lecionando no Instituto de Engenharia Ferroviária, bem como, em tempo parcial, no Observatório Geofísico na cidade que recentemente fora São Petersburgo e agora era Petrogrado. Muito rapidamente, viu o que ficou convencido de ser uma incorreção nos artigos sobre a relatividade. Mas como poderia ele, na desolada Rússia, convencer o grande professor alemão do que suspeitava?

Em 1917, quando compreendeu que sua equação G=T podia prever que o universo estava mudando de tamanho, Einstein tinha inserido o termo lambda (Λ). O que Friedmann descobriu em 1922 foi que a equação original de Einstein – a pura G=T, sem nenhum acréscimo – continha milhares, de fato milhões, de situações hipotéticas para universos intrigantes.

Começou a explorá-las.

A PARTIR DA EQUAÇÃO G=T original de Einstein, Friedmann chegou a uma surpreendente série de possibilidades para a maneira como o espaço e as "coisas" nele poderiam mudar com o tempo. Em algumas das situações que descobriu, um universo cresceria constantemente, como uma esfera que se inflasse para sempre. No entanto, havia também situações – todas contidas na matemática da equação original – em que o universo só se inflava em volume até um tamanho finito, antes de começar então a desmoronar, como se a substância estivesse se escoando através de alguma válvula de escape. Tudo que a humanidade ou outros seres inteligentes em tal universo tivessem criado seria aniquilado.

Havia ainda outros cenários, em que uma desintegração do universo não seria definitiva afinal de contas. Em vez disso, depois de desmoronar até um único ponto, ele começaria em seguida a se restabelecer. Tudo que civilizações tivessem construído antes estaria inteiramente esmagado, mas a matéria-prima ainda estaria lá para começar de novo. Friedmann fez alguns cálculos aproximados: essas "pulsações", descobriu, poderiam se repetir ao longo de períodos de 10 bilhões de anos.

Essa não era a primeira vez que seres humanos imaginavam uma sequência semelhante de morte e renascimento. Como Friedmann escreveu, isso "traz à mente o que a mitologia hindu tem a dizer sobre ciclos de existência",[4] uma referência à crença de que o universo já foi criado, destruído e recriado muitas vezes. Ele acrescentou que, evidentemente, suas soluções só podiam ser vistas como conjectura, ainda não sendo sustentadas por fatos conhecidos de experiência astronômica.

Com apoio dos amigos, ele redigiu suas descobertas num breve artigo, e depois que o melhor linguista de seu grupo tinha melhorado seu alemão – que se equiparava mais ou menos ao francês de Einstein – enviou-o ousadamente à mais prestigiosa revista de física do mundo, *Zeitschrift für Physik*. A revista aceitou-o rapidamente, em 1922. Friedmann supôs que Einstein iria adorar o artigo, pois estava mostrando que a equação original de 1915 – o simples G=T, sem o freio aleatório do lambda – continha esses resultados extraordinários. E, se o fizesse, Einstein seria finalmente capaz de se livrar do novo termo.

Para choque de Friedmann e seus amigos, quando conseguiram obter os números seguintes da *Zeitschrift für Physik* mais tarde naquele ano – o que não era fácil na Rússia pós-revolucionária –, eles viram que Einstein tinha enviado uma refutação! As descobertas do russo eram inaceitáveis, escreveu ele. E isso não era tampouco mera prevenção. Ele havia examinado os cálculos de Friedmann e encontrado uma falha. "Os resultados … contidos no trabalho [de Friedmann]", dizia sua carta publicada, "parecem-me suspeitos. Revela-se, na realidade, que a solução dada nele não satisfaz [minhas] equações."[5]

Friedmann ficou consternado. Um comentário como esse era a morte para quaisquer esperanças que tinha de maior ascensão acadêmica. Como pudera o grande homem fazer isso com ele? Seria demasiado presunçoso escrever uma carta de queixa à revista. Em vez disso, Friedmann e seus amigos decidiram que seria mais diplomático escrever para Einstein em seu endereço de Berlim. Foi o que Friedmann fez laboriosamente, tendo de novo sem dúvida obtido ajuda com seu alemão medíocre.

A carta de Friedmann para Einstein era polida, mas clara: "Permita-me apresentar-lhe os cálculos que fiz … Caso os cálculos apresentados em minha carta lhe pareçam corretos, por favor, tenha a bondade de informar os editores da *Zeitschrift für Physik* sobre isso. Talvez nesse caso queira publicar uma correção à sua declaração."[6]

Não houve nenhuma resposta – mas não pela razão que Friedmann teria temido.

Mais cedo em 1922, quando o ministro das Relações Exteriores da Alemanha, Walter Rathenau, que era judeu, foi assassinado – para a alegria de conservadores em todo o país –, Einstein se deu conta de que começava a haver sério perigo para judeus, proeminentes. Um Grupo de Trabalho de Cientistas Alemães para a Preservação de uma Ciência Pura já havia se formado para combater as ideias dele. Sua reunião inaugural havia se realizado no Philharmonic Hall em Berlim, com suásticas expostas no corredor e folhetos antissemitas à venda no saguão. Alguns dos que odiavam Einstein tinham alguma afiliação acadêmica, mas a maioria tinha pouca instrução. "A ciência, outrora nosso maior orgulho, está sendo ensinada hoje por hebreus!",[7] queixava-se o pintor de paredes e estudante de artes fracassado Adolf Hitler.

Alexander Friedmann, início dos anos 1920. "Permita-me apresentar-lhe os cálculos que fiz", escreveu ele para Einstein, sem saber aonde sua proposta iria levar

Para dar à situação tempo para esfriar, Einstein aceitou um antigo convite para uma prolongada turnê num navio a vapor. Quando a carta de Friedmann chegou, ele já deixara Marselha com destino ao Japão, de onde escreveu para os filhos: "De todos os povos que conheci, é dos japoneses que mais gosto … Eles são modestos, inteligentes, atenciosos e têm talento para a arte."[8] A carta de Friedmann não lhe foi encaminhada. No entanto, mesmo quando voltou a Berlim no ano seguinte, não a respondeu.

Essa falta de resposta era em parte atribuível à vasta correspondência que começara a receber após ser contemplado com o prêmio Nobel. As cartas chegavam em volumes que faziam seu pesadelo anterior com o carteiro enfurecido parecer monótono. Mas alguma outra coisa estava acontecendo – algo que somente a mistura de fama e orgulho podia explicar.

Quando Einstein introduziu o termo lambda em sua equação G=T em 1917, acreditou estar fazendo algo errado. O Criador não poderia ter primeiro feito o universo ser próximo da absoluta simplicidade – ter dois termos matemáticos, *G* e *T*, de modo a explicar de maneira simples tudo com relação à estrutura total do universo –, para depois revelar que ele era tão diferente que somente a adição de uma constante arbitrária podia fazer as leis da criação funcionarem.

Apesar de seus pressentimentos, porém, Einstein havia reelaborado sua equação e agora estava preso. Sua reputação estava em jogo, pois agora todos os físicos conheciam sua equação sob essa forma modificada. Seu orgulho estava em jogo, também. Ele tinha feito isso para si mesmo, após grandes ruminações sobre a correção desse passo. Não podia admitir facilmente que tinha sido fraco – e errado.

Fora por isso que passara os olhos tão depressa no artigo de Friedmann à procura de uma falha. E depois, tendo encontrado uma – ou pensado que encontrara –, não mostrara nenhum interesse em retornar ao assunto.

Em maio de 1923, porém, um dos colegas de Friedmann, Yuri Krutkov, conseguiu encontrar Einstein nos Países Baixos, através de um colega de Einstein que havia lecionado anteriormente na Rússia. Krutkov enfrentou-o, polida mas insistentemente, e narrou com orgulho em carta para sua irmã o que aconteceu em seguida. Na segunda-feira, 7 de maio, escreveu, ele estava lendo o artigo de Friedmann na *Zeitschrift für Physik* junto com Einstein. E depois, em 18 de maio, "às 5 horas … derrotei Einstein na discussão sobre Friedmann. A honra de Petrogrado está salva!".

Einstein teve a decência de reexaminar todo o trabalho do russo e admitir que tivera uma reação exagerada: Friedmann não havia, de fato, cometido erros matemáticos. Escreveu aos editores da revista para corrigir as coisas: "Em minha nota anterior, critiquei [o trabalho de Friedmann sobre a curvatura do espaço-tempo]. No entanto, minha crítica baseou-se num erro em meus cálculos."[9]

A retratação foi impactante, ainda que seca. Apesar disso, na Rússia, Friedmann sabia que precisava ter Einstein devidamente a seu lado para que suas novas situações hipotéticas viessem algum dia a ser seriamente consideradas. Mas como? A única maneira seria fornecer-lhe mais provas.

Ainda não havia nenhuma evidência astronômica para provar suas afirmações, mas talvez houvesse outra maneira.

Ao quebrar a cabeça para pensar em como convencer Einstein de que a adição do lambda havia sido desnecessária, o russo usou um método de solução imaginativa de problema que teria parecido familiar a seu colega alemão. Especificamente, retornou à maneira como pequeninos seres que viviam numa superfície plana – nossas criaturas de Planolândia novamente – não podiam dar um passo atrás e ver todo o seu mundo, mas podiam fazer vários cálculos naquele mundo, ou empreender viagens ali, que podiam lhes dar a informação de que precisavam.

Friedmann imaginou o que aconteceria se um dos centros de pesquisa desse mundo plano enviasse um viajante para verificar como era realmente seu universo. Imaginou esse viajante como parecido com um pequeno selo postal. Caso se mantivesse numa linha reta e avançasse numa única direção, escreveu Friedmann, o viajante seria capaz de ver a paisagem pela qual passava. Claramente esta se alteraria à medida que ele se deslocasse. Veria outras paisagens, outras cidades. Mas depois seus arredores começariam a parecer cada vez mais familiares, e finalmente ele se veria de volta à sua cidade natal – mas chegando pelo lado oposto àquele do que tinha partido!

Friedmann observou: "Ao retornar ao ponto de partida, o viajante descobriria, através de observações, que o ponto a que chegara coincidia completamente com o ponto de que tinha partido." É assim que ele seria capaz de provar que a esfera – o "universo" – em que vivia era realmente finita. Se, no entanto, nunca visse as cidades se tornando familiares novamente, saberia que seu mundo não se curvava sobre si mesmo. Isso seria prova de que seu universo não era uma esfera.

Assim como no caso da Planolândia e de nossos patinadores finlandeses imaginários, Friedmann estava sugerindo uma analogia para nosso próprio universo tridimensional muito maior. Se pudéssemos enviar emissários para fazer medições do universo – usando naves exploratórias avançadas algum dia no futuro ou apenas telescópios atualmente –, poderíamos usar essas medições para calcular como era a forma subjacente do universo. Isso ajudaria a determinar quais das situações hipotéticas que Friedmann encontrara presas dentro da simples equação G=T descreviam nosso universo e quais não. Embora não pudéssemos realmente fazer a longa viagem que Friedmann imaginou, se nosso universo fosse verdadeiramente plano, então enormes retângulos medidos no sistema solar teriam quatro ângulos retos em seu interior. Se ele fosse curvo como uma esfera – de uma maneira que não poderíamos ver a olho nu, é claro, ou mesmo imaginar com nossos cérebros limitados –, os gigantescos retângulos que fossem medidos não seriam planos assim, mas mostrariam ângulos internos que se alargariam muito ligeiramente além de noventa graus. À medida que a curvatura aumentasse ou diminuísse, esses ângulos mudariam também.

Friedmann sabia que ele próprio era fisicamente fraco, e sobreviver na Rússia do início dos anos 1920 fizera pouco para derrotar sua depressão habitual. Ainda assim, porém, tinha de algum modo sobrevivido aos bombardeios sobre fortalezas austríacas e a combates com a força aérea alemã. Tinha força mental, e também acreditava que ele e Einstein compartilhavam uma visão. Afinal de contas, o físico alemão havia falado de medições locais de pequena escala para compreender grandes espaços. Talvez se Friedmann conseguisse atravessar o continente europeu e ver o grande homem pessoalmente, eles pudessem – juntos – ir além.

Assim, no verão de 1923, Friedmann decidiu que imitaria o viajante em miniatura que imaginara e viajaria sozinho para Berlim. Se pudesse se encontrar com o professor Einstein em pessoa, talvez pudesse levá-lo a confiar em sua própria equação original de 1915.

O ano de 1923 não foi um momento tão ruim para viajar como quando Freundlich liderara sua expedição astronômica à Crimeia no momento exato em que a Primeira Guerra Mundial foi deflagrada, mas não foi muito melhor. A inflação já começara na Alemanha de Weimar. "Há uma orgia desbragada da moeda", escreveu Friedmann para casa.[10] No decurso de menos de uma semana, o valor do dólar podia passar de 1 milhão a 4 milhões de marcos. Havia pobreza e escassez de alimentos, embora não no nível da escassez que os russos estavam experimentando. Até a paisagem alemã parecia mostrar quanto Friedmann estava longe de casa, e ele ficou especialmente desorientado ao ver como as florestas alemãs eram bem arrumadas, com todas as árvores que as compunham parecendo ter sido plantadas em linhas retas. Há uma fotografia dele dessa época: a expressão abatida e o bigode caído como sempre, mas exibindo seu melhor jaquetão e um estranho boné parecido com uma boina equilibrado sobre a cabeça; segurava uma papelada em desordem sob o braço esquerdo; agarrava desajeitadamente a camisa com a mão direita, à maneira de Napoleão, como se não soubesse o que fazer com ela; tentava sorrir.

Na realidade, Friedmann conseguiu chegar a Berlim, e até a rua de Einstein… mas depois: "19 de agosto: Minha viagem não está indo bem – Einstein … deixou Berlim de férias. Não creio que conseguirei vê-lo."[11] Duas semanas mais tarde, ele escreveu novamente para os amigos, dizendo que ainda tinha esperança de ver Einstein. Mas isso não aconteceria. Pelo menos, porém, perto do fim de sua visita à Alemanha, pouco antes de retornar à Rússia, ele visitou outro homem que compreendia as decepções que a vida podia trazer. Pois em 13 de setembro de 1923, Friedmann se dirigiu ao Observatório de Potsdam, onde se encontrou com Freundlich. Os dois se deram bem, compartilhando seus pensamentos sobre como o universo era estruturado. "Todos ficaram muito impressionados com minha luta com Einstein, e minha vitória final. Isso é agradável para mim."[12]

Einstein não estava longe, provavelmente em sua casa de campo próxima a Berlim. Mas, mesmo que Freundlich tivesse lhe contado que Friedmann estava por lá, ele não teria feito a viagem de volta à cidade. Ainda tinha muita coisa investida no "conserto" que fizera em 1917. Agora quase se convencera, de fato. Afinal de contas, como poderia algum Criador – ou mesmo apenas as regras da física – estabelecer um universo que se desequilibraria de maneira violenta? Pois se Friedmann estivesse certo, e a equação original de Einstein mostrasse de fato que o universo estava se expandindo, finalmente haveria de existir apenas uma vasta solidão de estrelas extintas e planetas sem vida afastando-se constantemente cada vez mais uns dos outros. Isso era terrível demais de se imaginar: todos os esforços da humanidade acabando tão perdidos. Por outro lado, se uma das outras situações hipotéticas de Friedmann fosse válida e a equação original de Einstein mostrasse que nosso universo estava desmoronando, então, em algum momento no futuro, o céu noturno brilharia com uma luminosidade aterrorizante e todas as estrelas no alto desabariam sobre nós. Também nisso era desagradabilíssimo acreditar.

No manuscrito original datilografado que preparara para a *Zeitschrift für Physik*, Einstein tinha escrito que, apesar da correção matemática de Friedmann, a vasta gama de soluções descrita era tal "que dificilmente seria possível atribuir-lhe significado físico". Depois achou melhor que essa frase fosse riscada. Mas queria que Friedmann estivesse errado.

A confusão era exaustiva. Seria maravilhoso para Einstein encontrar evidências claras que pudessem livrá-lo de uma vez por todas e determinar se as distorções no espaço-tempo que sua equação original previa fariam o que Friedmann proclamava ou não. Mas isso exigiria medir locais nas partes mais distantes do espaço e ver se as estrelas estavam se afastando cada vez mais depressa, ou permanecendo imóveis, ou caindo em direção a nós. Medir objetos tão distantes parecia impossível. As estrelas podiam ser enormes fornos, mas a grandes distâncias elas parecem, vistas da Terra, meros minúsculos furinhos de alfinete de luz, sem nenhum tipo de movimento observável.

A menos que alguém pudesse encontrar uma maneira de identificar o que as estrelas, tão distantes da Terra, estavam realmente fazendo.

Interlúdio 3

Velas no céu

Em seu diário, o explorador italiano Antonio Pigafetta recordou o momento em que decidiu se pôr a caminho do desconhecido:

"Encontrando-me na Espanha no ano da Natividade de Nosso Senhor de um mil, quinhentos e dezenove, na corte do sereníssimo rei … deliberei … partir e ver com meus olhos uma parte das enormes e terríveis coisas do oceano."

A decisão de Pigafetta o levou a zarpar com Fernão de Magalhães em 1519, numa flotilha de navios destinada a chegar às ilhas Molucas na Ásia Oriental por uma rota sem precedentes: rumando para o oeste através do Atlântico, depois encontrando uma maneira de contornar ou atravessar o continente americano rumo a um novo oceano que se imaginava estar lá. Se tudo corresse bem, eles circundariam a Terra – a primeira vez que seres humanos o teriam feito.

Em certo sentido, a expedição foi um sucesso, pois Pigafetta retornou à Espanha quase três anos após partir. Mas ele foi um dos apenas dezoito sobreviventes da tripulação original de 240, o que estava longe da meta de trazer de volta todos com que a expedição e seus financiadores haviam começado.

Pelo menos a viagem começou bem. A tripulação de Magalhães viu maravilhas ao longo da costa da América do Sul: novos tipos de seres humanos nunca imaginados na Europa; peixes que eram capazes de saltar fora d'água ("eles voam mais longe que um arremesso de besta"), mas eram seguidos por predadores que acompanhavam suas sombras e depois os capturavam e comiam quando caíam na água, "o que é uma coisa maravilhosa e agradável de ver", escreveu Pigafetta.

No entanto, depois as tempestades começaram, ferozes, e muito tempo se passou antes que Pigafetta pudesse fazer em seu diário o registro por que tanto ansiara: "Quarta-feira, 28 de novembro de 1520, saímos do chamado estreito [na ponta sul da América do Sul] e entramos no mar Pacífico."

A princípio as perspectivas pareciam excelentes, pois eles encontraram uma grande extensão de água calma. Mas a tranquilidade continuou, e continuou, e nenhuma terra à vista – "Prosseguimos por 4 mil léguas inteiras em mar aberto" –, e os homens começaram a passar fome. "Comemos biscoitos velhos reduzidos a pó, e cheios de larvas", escreveu Pigafetta. "Comemos também os couros de boi que estavam sob as velas; também serragem de madeira, e ratos."

Sob circunstâncias normais, os marinheiros teriam encontrado seu caminho usando as estrelas, mas no hemisfério sul havia poucas das constelações conhecidas pelas quais navegar, e certamente nenhuma Estrela do Norte para guiá-los. Olhando para o estranho céu noturno, os marinheiros descobriram que "há para serem vistas … duas nuvens um pouco separadas uma da outra, e um pouco vagas". Essas nuvens fulgurantes produziam luz "de razoável grandeza".

Era isso uma dádiva de Deus? Fosse qual fosse a causa, essas duas nuvens misteriosas e fulgurantes se mantinham na mesma posição relativa, noite após noite, permitindo finalmente aos sobreviventes encontrar o caminho de casa. O próprio Magalhães não o fez – espetado com uma lança por nativos na arrebentação ao largo das Filipinas –, mas esses faróis fulgurantes no céu noturno foram mais tarde batizados em sua honra, tornando-se conhecidos como a Grande Nuvem de Magalhães e a Pequena Nuvem de Magalhães.

Quatrocentos anos mais tarde, Einstein iria usar essas mesmas nuvens para solucionar o enigma da volta ou não à equação original, como o matemático russo Alexander Friedmann recomendara. Mas isso não iria acontecer antes que as Nuvens de Magalhães fossem exploradas, e alguns de seus mistérios desenredados por uma segunda – e muito diferente – espécie de pioneiro.

Nos anos 1890, numa sala no andar superior do respeitado observatório da Universidade Harvard, fileiras de computadores eram usados para analisar grandes lâminas fotográficas de vidro do céu noturno. Esses computadores não eram aparelhos eletrônicos; a palavra se referia antes às fileiras de moças sentadas a mesas de madeira no segundo andar do observatório. Seu trabalho era medir detalhes nas lâminas e tabular cuidadosamente o que encontravam.

O diretor do observatório, Edward Pickering, orgulhava-se desses computadores humanos, que encarava em termos quase mecânicos: "Uma grande economia pode ser efetuada empregando-se mão de obra não especializada e portanto não dispendiosa, evidentemente sob cuidadosa supervisão." Apenas para se certificar de que não houvesse nenhuma desavença, ele insistia que essas mulheres – algumas das primeiras mulheres com formação universitária nos Estados Unidos – não tivessem nenhum preparo em matemática que pudesse tentá-las a fazer o trabalho de astrônomos do sexo masculino. Também lhes pagava muito pouco, apenas 25 centavos por hora, numa época em que operários em fábricas de algodão ganhavam quinze centavos. Seus colegas, condescendentemente, passaram a descrever a complexidade de tarefas astronômicas em termos de "meninas-hora", ou, se o trabalho fosse envolver uma grande quantidade de tabulação, "mil-meninas-hora".

São necessárias duas pessoas, no entanto, para fazer com que você se sinta mal consigo mesmo: aquele que o insulta e você mesmo, caso aceite isso. Poucas das mulheres aceitavam as ideias dos homens sobre elas, como demonstra uma canção que compuseram. Com a melodia de "We Sail the Ocean Blue", de H.M.S. Pinafore, ópera cômica de Gilbert e Sullivan:

> We WORK from morn till night
> Computing is our DU-tee
> We're FAITH-ful and polite
> And our record book's a BEAU-TY!*

* Trabalhamos da manhã à noite/ Computar é nosso dever/ Somos devotadas e polidas/ E nosso livro de registros é uma beleza! (N.T.)

A mais indomável de todas as computadoras sob a supervisão de Pickering era Henrietta Swan Leavitt. Nenhum gerente manipulador conseguia oprimi-la.

As mulheres de Pickering não deviam ser instruídas demais, mas Leavitt frequentara o conservatório de música no Oberlin College e também obtivera nota máxima em cálculo e geometria analítica em Radcliffe (então chamada Society for the Collegiate Instruction of Women). Ela era perfeitamente capaz de realizar as enfadonhas tabulações que Pickering lhe atribuía. No entanto, estava longe de se sentir satisfeita com seu posto, e sua curiosidade haveria de lhe criar problemas com Pickering – e finalmente de mudar o curso da vida de Einstein.

Leavitt experimentava uma emoção especial sempre que os caixotes cuidadosamente embalados vindos da distante Arequipa, nos Andes peruanos, chegavam ao observatório de Harvard. Era ali que a universidade tinha instalado seu grande telescópio fotográfico de 24 polegadas, o mais poderoso instrumento de sua classe no mundo.

A princípio Pickering havia enviado o próprio irmão a Arequipa para fazer funcionar o telescópio, mas depois que este começou a enviar de volta relatórios sobre rios e lagos gigantescos em Marte – que ninguém mais olhando através dos telescópios conseguia ver – Pickering o substituiu por outro colega do sexo masculino. A região era perigosa – havia, como visitantes americanos observaram com as típicas ideias imperialistas da época, mestiços em Arequipa, bem como selvagens na não muito distante Amazônia – e a altitude de quase 2.500 metros era exaustiva. Além disso, o trabalho era complexo. A ideia de que uma mulher poderia ir algum dia para Arequipa, que dirá operar o telescópio, jamais era considerada.

Em Boston, no entanto, Leavitt havia percebido algo curioso com relação às placas que eram enviadas de Arequipa, especialmente aquelas que revelavam detalhes das fulgurantes Nuvens que haviam guiado Pigafetta e Magalhães em sua viagem. Estamos acostumados com nosso Sol brilhando de maneira bastante uniforme, quase com a mesma intensidade dia após dia. Mas isso ocorre porque as camadas de combustível no Sol ardem de maneira razoavelmente uniforme. Em algumas estrelas muito diferentes, a

Henrietta Leavitt, provavelmente anos 1890

queima é extremamente desigual. Como numa panela fervendo, a pressão se acumula intensamente no interior e faz a "tampa" – a camada superficial da estrela, composta de átomos despedaçados – estourar para fora em longas explosões de extraluminosidade. Isso de certa maneira libera a pressão, de modo que a camada superficial se reacomoda, e depois leva várias horas ou mesmo dias para que a temperatura se acumule de volta e outra explosão de luminosidade apareça novamente.

Na menor das duas Nuvens de Magalhães, Leavitt viu que havia um grande número de estrelas que ardiam dessa maneira. Ela as encontrou comparando placas que eram tomadas a intervalos de dias ou semanas. Em vez de brilhar com um fogo estável, como o nosso Sol, essas estrelas características fulguravam intensamente num momento, depois empalideciam, antes de se acenderem para brilhar intensamente de novo alguns dias ou semanas mais tarde. Por terem sido originalmente identificadas na constelação Cefeu, essas estrelas pulsantes tinham se tornado conhecidas como variáveis cefeidas.

Caso se tivesse verificado que essas estrelas cefeidas oscilavam aleatoriamente, Leavitt teria descoberto apenas uma curiosidade sem importância no espaço exterior. Mas ela começou a refletir sobre aquilo. Cada vez que enviava solicitações de mais fotografias da Pequena Nuvem de Magalhães – encaminhadas por Pickering, é claro, pois ele não admitia que ninguém mais entrasse em contato com o diretor in situ nos Andes –, as fotos que retornavam sempre mostravam que havia uma rica densidade de estrelas, cada vez mais a cada ampliação. Ela especulou que a Nuvem não estava próxima da Terra, sendo um aglomerado de estrelas a imensa distância de nós.

A que distância estava esse aglomerado? Antes de Henrietta Leavitt, ninguém tinha sido capaz de descobrir uma régua com que medir as regiões mais longínquas do universo. O problema é compreensível se pensarmos sobre como é difícil falar qualquer coisa de uma única lanterna que se acende brevemente num pasto completamente escuro à noite. Um brilho médio poderia ser de uma lanterna forte que está muito distante – mas poderia, também, ser de uma lanterna fraca que estivesse muito mais próxima. A grande descoberta de Leavitt foi que era realmente possível superar esse desafio ao observar estrelas.

O que ela descobriu, debruçada sobre suas placas no prédio de tijolos próximo de Boston, foi que podia classificar as estrelas variáveis cefeidas como diferentes tipos de lanternas. Imagine que a Pequena Nuvem de Magalhães estivesse extremamente longe de nós, como um prado muito distante. As estrelas cefeidas ali seriam como lanternas seguradas por pessoas espalhadas por esse prado. De nosso ponto de vista, elas poderiam ser consideradas como estando aproximadamente à mesma distância de nós.

Leavitt percebeu que algumas das cefeidas pulsavam devagar, a intervalos de dez dias. Outras pulsavam mais depressa, a intervalos de três dias. Mais importante, aquelas que pulsavam devagar eram muito mais brilhantes nas fotos vindas de Arequipa. Como ela estava supondo que todas estavam aproximadamente à mesma distância da Terra, isso significava que aquelas que pulsavam devagar estavam emitindo mais luz do que as que o faziam mais rapidamente. Como para nossas lanternas no prado distante, se aquelas que acendiam e apagavam mais devagar pareciam mais brilhantes que as outras, poderíamos supor que eram realmente mais brilhantes.

Por si só, isso não seria suficiente para nos permitir descobrir a distância real até o prado. Mas suponha que conseguíssemos pôr as mãos numa dessas lanternas – digamos, uma de pulsação lenta – e descobríssemos que ela derramava dois watts de luz. Agora, quando olhássemos para o campo distante à noite e víssemos uma lanterna pulsando de maneira igualmente lenta, saberíamos que sua energia interna era também dois watts. Dependendo de quão pálida ela parecesse a essa distância, poderíamos estimar a que distância estava.

Assim era com as estrelas cefeidas. E, por sorte, astrônomos foram capazes de medir uma cefeida que estava muito mais próxima da Terra, a uma distância conhecida, e registrar quanta luz ela estava realmente emitindo. Isso permitiu a Leavitt elaborar uma escala em sua régua. Se a cefeida recém-descoberta pulsasse num ciclo, digamos, de sete dias, as cefeidas que pulsassem no mesmo ciclo nas longínquas Nuvens de Magalhães tinham de ter a mesma energia intrínseca. Dependendo de quão pálida essa cefeida distante parecesse comparada à que estava próxima, ela podia calcular a que distância a Nuvem realmente estava da Terra.

Foi maravilhoso para Leavitt ser capaz de fazer isso, e, quando uma estrela com que estava trabalhando parecia particularmente obscura, ela brincava com uma colega: "Nunca vamos compreender isso até encontrarmos uma maneira de enviar uma rede e trazer essa coisa aqui para baixo!" No entanto, Leavitt também sabia que não deveria estar fazendo essa pesquisa. Como uma de suas companheiras computadoras escreveu num bilhete pessoal, "se pudéssemos ao menos seguir adiante por um longo tempo com trabalho original, olhando para novas estrelas, estudando suas particularidades e mudanças, a vida seria um belíssimo sonho. Mas temos de pôr de lado tudo que é mais interessante".

Leavitt, no entanto, era hábil em encontrar meios de contornar esses obstáculos. Uma vez, ela explicou a Pickering que tinha de passar algum tempo fora de Massachusetts na fazenda do pai em Wisconsin, mas que gostaria muito se ele pudesse lhe enviar seus cadernos pessoais – todos eles –, de modo que ela pudesse continuar a ajudar. Aquilo em que ela realmente trabalhou, é claro, ele não tinha de saber.

Em 1906 – quando Einstein ainda estava feliz em seu casamento com Marić e ainda tentava encontrar uma maneira de sair do Departamento de Patentes –, Leavitt reuniu suas principais descobertas num artigo intitulado "1.777 variáveis nas Nuvens de Magalhães". Ela explicou como a observação das Nuvens de Magalhães lhe permitira criar uma régua com que medir o universo – como suas cefeidas oscilavam em intervalos de tempo regulares, e como esses intervalos de tempo correspondiam a seu brilho real.

Foi uma magnífica façanha, e Pickering ficou furioso. Leavitt era uma subalterna, uma computadora, uma simples mulher. Ele tentou pôr suas descobertas parcialmente sob o próprio nome em artigos ou conferências, mas a notícia estava vazando. Um astrônomo de Princeton, impressionado, comentou: "Que 'demônio' das estrelas variáveis é a srta. Leavitt. Não se consegue acompanhar a lista de [suas] novas descobertas."

Pickering não pôde suportar isso, e assim afastou-a de seu trabalho, explicando-lhe que deveria esquecer, inteiramente, a ideia de trabalhar sobre essas chamadas estrelas variáveis nas Nuvens de Magalhães. Em vez disso, havia uma contagem completa de coordenadas estelares perto da Estrela do Norte que ele queria que ela começasse a tabular. Era, reconhecidamente, um trabalho que outros astrônomos não consideravam especialmente importante, mas Pickering era um homem meticuloso, e achava que podia fazer seu nome com essas listagens.

Leavitt tentou repetidamente voltar ao que amava, e em 1912 – o ano em que Einstein estava começando sua colaboração com Grossmann sobre a matemática para sua teoria da gravitação – conseguiu publicar um artigo que fornecia ainda mais detalhes sobre como usar suas variáveis cefeidas para medir distâncias verdadeiras no espaço exterior. Depois dessa insubordinação, Pickering tomou medidas ainda mais severas contra ela. Mais nenhuma nova placa vinda dos Andes deveria chegar às suas mãos, decretou – não se envolvessem aquelas malditas Nuvens de Magalhães.

Leavitt morreu em 1921 e nunca conseguiu viajar ao observatório com que sonhara. Um ano mais tarde, porém, uma de suas colegas entre as computadoras fez a viagem para ela. Pickering não era mais o diretor em Boston, e os regulamentos haviam sido ligeiramente afrouxados.

A amiga de Leavitt viajou de navio a vapor para a América do Sul, tomou trens e carroças puxadas a cavalo para continuar rumo ao interior, e por fim chegou ao topo do vale que levava a Arequipa. "À distância", escreveu um contemporâneo, a cidade construída de macia pedra vulcânica branca parecia "ser uma cidade de mármore". O colossal cone vulcânico de El Misti era visível ao nordeste, projetando-se por cerca de seis quilômetros no céu; Pichu-Pichu podia ser visto ao leste. O ar era rarefeito, mas a mulher tinha de ir adiante, porque o observatório ficava muito acima da cidade. Quando ela o alcançou, estava mais de 2.400 metros acima do nível do mar, muito alto no ar cristalino dos Andes.

O sol se pôs. A noite fria começou, e as estrelas – as estrelas brilhantes, perfeitamente claras – começaram a aparecer. A amiga de Leavitt pegou seu diário e escreveu: "Nuvem de Magalhães (Grande) tão brilhante. Ela sempre me faz pensar na pobre Henrietta. Como ela amava as 'Nuvens'."

13. A rainha de copas é preta

Einstein estava muito atordoado depois do verão de 1923. Ficara confuso com o inesperado artigo de Friedmann sugerindo que as ideias na pura equação G=T estavam certas e que a curvatura de todo o universo poderia estar mudando. Aglomerados de estrelas e planetas poderiam acabar deslizando para longe uns dos outros no que se tornaria uma expansão infinita. Ou poderia acontecer o oposto, e a curvatura poderia estar se dobrando de maneira diferente, de modo que as antigas mitologias hindus poderiam se provar verdadeiras afinal de contas, e todo o universo estava condenado a um ciclo interminável de contração e expansão, como se estivéssemos de alguma maneira aprisionados dentro de uma esfera invisível que se desinchasse e inchasse para sempre.

Einstein tinha conseguido pôr de lado parte dessa confusão, pelo menos de sua mente consciente, fingindo que o que Friedmann descobrira era meramente uma possibilidade matemática, sem nenhum significado físico. Mas então, quatro anos após a visita frustrada de Friedmann a Berlim e cinco anos depois que a colega de trabalho de Henrietta Swan Leavitt chegou às montanhas de Arequipa, essa trégua terminou.

Em 1927, Einstein estava numa continuação da conferência de Bruxelas de que participara pela primeira vez como um jovem morador de Praga. Agora era um herói e tinha posto de lado quaisquer preocupações persistentes sobre sua equação gravitacional – ou pelo menos tentara fazê-lo –, de modo a se concentrar em outros projetos. No entanto, num dos primeiros dias da conferência, um belga robusto e muito sério, na casa dos trinta anos, abordou-o e disse ter uma prova matemática de que o universo estava se expandindo.

Einstein e Lemaître, por volta de 1930

Professores de física, mesmo os que estavam abaixo do nível de Einstein, frequentemente eram incomodados por excêntricos, e com Einstein esse tipo de coisa acontecia a toda hora. Ele havia se tornado bom em rejeições polidas, mas firmes, imediatas, e precisava disso agora em Bruxelas, onde seu foco estava em novos campos de estudo. Mas esse homem não poderia ser tão imediatamente evitado.

Não só o interlocutor de Einstein era um convidado oficial à conferência – o que sugeria que tinha pelo menos um trabalho em nível de pós-graduação em física –, mas estava também usando o colarinho branco rígido e o paletó de lã preto que indicava ser ele um padre católico. De fato, era um jesuíta, parte de uma ordem que, apesar de sua dogmática lealdade ao papa, era ativa na astronomia havia séculos.

Einstein permitiu que o homem rechonchudo, padre Georges Lemaître, começasse a se explicar. Ele tinha publicado um artigo numa revista belga – teria o professor ouvido falar dele? – em que examinara as consequências do trabalho de Einstein, tentando fazê-lo com uma variedade de valores para Λ. Os resultados mais interessantes surgiram quando Λ foi fixado em zero, de modo que a equação voltou à sua pura forma original G=T.

Décadas depois, recordando esse encontro, Lemaître disse que Einstein havia comentado favoravelmente como esse e outros detalhes da abordagem matemática de Lemaître pareciam engenhosos. Mas essas palavras eram pouco mais que banalidades polidas de uma figura famosa tentando pôr fim a uma conversa, o que Einstein rapidamente tratou de fazer. Antes que Lemaître pudesse terminar, Einstein o interrompeu. Seus cálculos podem ser precisos, disse-lhe, "*mais votre physique est abominable*" (mas sua física é péssima).[1] E, com isso, Einstein se afastou para pegar um táxi que pudesse levá-lo ao laboratório de Auguste Piccard, o famoso balonista, que ele combinara de visitar.

A maioria das pessoas teria considerado isso o fim da conversa. Mas, como quase todos os homens de sua idade na Europa, Lemaître sobrevivera à Grande Guerra, em seu caso tendo servido como cavador de trincheiras, atirador e finalmente oficial de artilharia. Eventos como o mais famoso cientista do mundo afastando-se firmemente dele e começando a fechar a porta de um táxi em sua cara deviam ser considerados oportunidades, não rejeições. O jesuíta acelerou o passo e pulou dentro do carro ao lado de Einstein. O professor gostaria de ouvir como ele já tinha levado essa crítica em conta?

Quer o professor desejasse ou não, um táxi em movimento é um lugar de onde é difícil escapar. Lemaître explicou que, em seu artigo – e se Einstein fosse assinante dos estimáveis *Annales de la Société Scientifique de Bruxelles* certamente teria sabido de tudo isso –, havia fornecido evidências experimentais detalhadas mostrando que suas conclusões eram verdadeiras.

Essa era uma novidade perturbadora, e de repente Lemaître ganhou toda a atenção de Einstein. Ele tinha sido capaz de empurrar Friedmann para um lado declarando que os cálculos do russo desconhecido não passavam de truques matemáticos, sem nenhum fato astronômico para corroborá-los. Mas agora aqui estava um outro homem com formação científica dizendo-lhe que havia evidências válidas de que o universo estava se expandindo.

A explicação de Lemaître foi necessariamente apressada, pois o laboratório de Piccard não ficava muito longe. Ele falou sobre o trabalho de pós-graduação que fizera recentemente nos Estados Unidos, em Harvard e no MIT, onde aprendera coisas extraordinárias sobre um tipo de estrela chamado variável cefeida. Não sabia quem fizera o primeiro trabalho sobre essas estrelas, explicou, mas elas tinham a capacidade de aumentar e diminuir em brilho, e assim fornecer informação clara sobre o que estava acontecendo no espaço distante. Essa pesquisa parecia mostrar – as evidências eram fragmentárias, mas, ah, o professor devia reconhecer como isso poderia ser significativo – que aglomerados de estrelas distantes estavam se afastando em grande velocidade.

Einstein não foi rude, mas Lemaître percebeu que estava distraído. "Ele não parecia estar de maneira alguma bem informado sobre fatos astronômicos",[2] lembrou o belga mais tarde. O táxi parou; Einstein saiu. Lemaître não tinha a menor ideia se sua mensagem chegara a ele.

Ela chegara, e não chegara. Cinco anos antes, em 1922, Einstein tinha rejeitado o artigo de Friedmann dizendo-lhe que seu trabalho era apenas matemática. Agora, em 1927, quando Lemaître foi adiante e disse ter dados para apoiar a visão de um universo em expansão – exatamente o que Einstein pedira de Friedmann –, Einstein rejeitou também a ideia como sendo fisicamente inaceitável. Ele sabia que Lemaître não tinha sido inteiramente claro no que explicara, e estava agindo como se realmente não quisesse ouvir mais, como se o fato de os achados de que Lemaître falava serem incompletos e não produzidos pelos mais famosos astrônomos significasse que podiam ser ignorados.

Claramente, alguma outra coisa estava acontecendo – e um famoso experimento de psicologia social feito em Harvard sugere o que pode ter sido. Os organizadores do estudo fizeram um grupo de estudantes serem apresentados brevemente a uma sequência de cartas de baralho. Os experimentadores tinham, contudo, invertido as cores nas cartas, de modo que as copas e os ouros eram pretos, e as espadas e paus vermelhos.

Era um estudo de percepção. Quando as cartas eram mostradas devagar, os estudantes viam facilmente o que estava errado. Quando elas eram movidas muito rapidamente – depressa demais para que se pudesse reconhecer qualquer detalhe –, os estudantes não tinham nenhuma ideia de que havia alguma coisa errada e também ficavam tranquilos. Mas, quando as cartas eram exibidas numa velocidade intermediária – isto é, os sujeitos podiam quase perceber o que era mostrado, mas não tinham tempo de analisá-lo completamente –, os resultados foram diferentes. Muitos deles sentiram-se terrivelmente desconfortáveis. Queixaram-se de estar tontos, disseram estar subitamente muito cansados ou – sem saber por quê – simplesmente quiseram sair da sala. Queriam que o experimento terminasse.[3]

Essa foi a situação em que Einstein ficou após ouvir sobre o trabalho de Friedmann e agora sobre os desenvolvimentos ainda mais detalhados de Lemaître. As ideias deles o atormentavam. Ele não compreendia inteiramente todos os detalhes, mas podia perceber a verdade subjacente: alguma coisa estava errada, e ele queria que essa sensação terminasse.

O DILEMA DE EINSTEIN não se resolveria de maneira simples. Sua aversão a enfrentá-lo era forte demais, e seu investimento ao adicionar o lambda à equação G=T era grande demais. Ele iria precisar de alguém com mais autoridade que um padre belga desconhecido ou um matemático russo para movê-lo. E, na comunidade astronômica do mundo em 1927, o homem no extremo oposto – renomado acima de todos os outros – era o diretor do famoso observatório no topo do monte Wilson na Califórnia, Edwin Powell Hubble.

Hubble era um homem viril e vigoroso que em sua juventude, ao que se dizia, fora um boxeador tão forte que os patrocinadores de Chicago o haviam sondado para ver se enfrentaria o campeão mundial dos pesos-pesados, o poderoso Jack Johnson. Hubble declinara o convite e se tornara um oficial combatente, servindo em algumas das mais selvagens batalhas perto do fim da Grande Guerra na França.

Hubble não gostava muito de falar sobre a guerra, mas ocasionalmente, tarde da noite, admitia para alunos de pós-graduação assombrados que "o mais difícil era ver homens feridos caírem, mas ainda assim seguir em frente para ajudá-los".[4] Também contava que tinha sido derrubado por explosões de obuses (o que explicaria seu cotovelo direito ferido) e até que havia ficado preso num balão de observação oscilante: aterrorizado, é claro, mas encontrando de alguma maneira o que outras pessoas chamavam de coragem – mas que ele conhecia como simples senso comum – para continuar observando o campo de batalha abaixo, traçando diagramas das posições do inimigo.

Era a história de uma vida extraordinária– e estava longe de ser precisa. Para começar, embora fosse um homem alto e em boa forma, Hubble cursara apenas um período de boxe como aluno de graduação na Universidade de Chicago – uma excelente instituição acadêmica, mas não especialmente conhecida pela ferocidade de seus alunos. Nenhum patrocinador poderia

Hubble vestindo um paletó acolchoado para observações em noites frias, 1937

ter pensado num estudante relativamente inexperiente para uma luta contra o campeão mundial dos pesos-pesados.

A experiência de Hubble no exército também não foi exatamente como descrevia. Ele fora convocado, mas sua unidade nunca vira combate. Seu registro de dispensa das Forças Armadas tinha categorias para batalhas, medalhas e ferimentos – e a palavra "nenhum" está nitidamente escrita após cada uma. O ferimento no cotovelo pode ter sido causado enquanto ele jogava softbol durante o breve período em que lecionou no ensino médio em Kentucky.

A vantagem das histórias fantásticas de Hubble é que ter sonhos de aventuras grandiosas podia ser uma maravilhosa motivação para façanhas reais. Hubble de fato estudou astronomia e queria ser muito bom nisso. Acabou como diretor no Observatório Monte Wilson. Seu predecessor tinha sido hábil em extrair dinheiro de benfeitores ricos, inclusive um homem de negócios chamado John D. Hooker, e a áspera montanha agora abrigava os telescópios mais potentes do mundo, entre os quais o enorme telescópio Hooker de cem polegadas. Ele era tão pesado que as polidas traves e os contrapesos de ferro que o mantinham na posição correta faziam o interior de sua cúpula curva parecer um cenário de *Metrópolis*, o filme futurístico feito em 1927 por Fritz Lang.

Hubble ficou ainda mais motivado a ter sucesso por um rival que tinha o hábito desconcertante de ver através de seus maneirismos. Pois, apesar do exagerado sotaque inglês que afetava – sua conversa era cheia de expressões tipicamente inglesas como "*by Jove*" [por Deus] e "*jolly good*" [muito bom] –, Hubble tinha nascido na realidade numa fazenda nos montes Ozark em Missouri. Essa era também a origem de Harlow Shapley, o outro grande astrônomo dos Estados Unidos. Shapley desconfiava das afetações de Hubble e, como Hubble, também desejava aplauso e sucesso.

A rivalidade entre Hubble e Shapley os tornava ambos ávidos para usar seus cargos para difundir ideias que gostavam de afirmar serem deles próprios. Em 1924, por exemplo, um matemático sueco tinha escrito para o observatório de Harvard dizendo que chegara ao continente europeu a notícia do formidável trabalho da professora Leavitt sobre o uso de variáveis cefeidas para medir distância. Poderia Leavitt, por favor, entrar em contato com ele para fornecer detalhes sobre sua façanha?

Normalmente, uma comunicação como essa vinda da Suécia seria tomada como um sinal de que havia pelo menos algum interesse em nomear uma pessoa para um prêmio Nobel. Nessa altura Shapley havia sucedido a Pickering como diretor do observatório. Ele respondeu explicando que, infelizmente, a srta. Leavitt falecera (ele sabia que prêmios Nobel nunca eram dados postumamente) e ocorria que ele, Shapley, havia de fato feito a maior parte do trabalho sobre as cefeidas, ao passo que a srta. Leavitt, longe de ser uma professora, havia sido pouco mais que uma ferramenta passiva sob sua direção.

Isso era o oposto da verdade, mas como Shapley estava agora ansioso para difundir notícias sobre o que Leavitt lhe contara, os achados dela sobre as estrelas variáveis cefeidas receberam ampla audiência. Isso ajudou Hubble, ainda no Monte Wilson, a levar as cefeidas um passo adiante.

Os astrônomos da época sabiam que havia grande número de estrelas quase estacionárias flutuando em nossa Via Láctea, mas ninguém sabia ao certo se havia alguma coisa além disso. Haviam sido encontradas algumas estranhas mechas de luz chamadas nebulosas que não se encaixavam em nenhum esquema de classificação óbvio, mas supunha-se em geral que fossem nuvens de gás que existiam aqui e ali em meio às muitas estrelas da Via Láctea.

O telescópio de cem polegadas no monte Wilson era tão poderoso que Hubble e o astrônomo Milton Humason foram capazes de fazer fotografias extremamente detalhadas do que estava ocorrendo nessas tênues e esparsas nebulosas. Algumas delas não pareciam ser gás de maneira alguma, mas sim aglomerados de estrelas. A questão passou a ser: a que distância estavam?

Se essas nebulosas estivessem relativamente próximas, seriam apenas mais estrelas dentro de nossa Via Láctea, e a crença de que o universo era composto de uma galáxia insular imutável – a nossa – seria confirmada. Se as misteriosas mechas de nebulosas estivessem, no entanto, muito mais distantes, talvez não estivéssemos sozinhos no universo como tínhamos acreditado.

Milton Humason, por volta de 1940

Hubble era um trabalhador diligente, pois, à medida que a discrepância entre suas histórias e a realidade de sua vida aumentava, sabia que tinha de realizar algo de substantivo, e rapidamente, ou seria de fato desmascarado. Ele era habilidoso com as mãos, mas Humason era ainda melhor. Homem excepcionalmente cuidadoso e sensível, ele começara como um condutor de burros adolescente na montanha, ajudando a arrastar materiais para a construção do observatório ao longo de trilhas acidentadas e sinuosas em meio a vegetação selvagem e florestas. Havia aprendido por conta própria, com a ajuda de um punhado de astrônomos generosos, a operar o pesado maquinário e as sensíveis unidades fotográficas.

Em 1925, Humason e Hubble compararam várias fotografias de uma nebulosa específica na constelação de Andrômeda e viram que havia uma estrela que oscilava da mesma maneira que as variáveis cefeidas que Leavitt – ou teria sido Shapley? – havia analisado tão cuidadosamente. Essa estrela tinha um período de cerca de 31 dias, o que era tão longo que os diagramas de Leavitt mostravam ser ela extremamente brilhante. No entanto, mesmo com a enorme ampliação do telescópio de cem polegadas, era pálida, muito pálida.

Como podia algo tão intrinsecamente brilhante parecer pálido aos olhos do observador? Só havia uma resposta. A luz brilhante que essa estrela emitia devia ter sido diminuída por sua trajetória ao longo de enormes distâncias até a Terra. Hubble fez os cálculos. Os astrônomos costumam usar uma unidade de distância chamada ano-luz. (Apesar do rótulo enganoso, essa não é uma medida de tempo, mas simplesmente da distância que a luz percorre em um ano. Ela chega a cerca de 10 trilhões de quilômetros.) Nossa galáxia Via Láctea tem talvez 90 mil anos-luz de um lado a outro, e a maioria dos astrônomos na época teria concordado que essa era a extensão de toda a matéria importante no universo. Mas os cálculos mostraram que a cefeida em Andrômeda estava a quase 1 milhão de anos-luz de distância.

A descoberta de Hubble podia significar apenas uma coisa: nossa galáxia não estava sozinha. Aquela mecha não era uma pequenina nuvem de gás interestelar ou um aglomerado próximo de algumas estrelas. Em vez disso, tinha de ser uma outra galáxia completa: imensa, gloriosa, flutuando muito longe da nossa, sem dúvida parte de uma flotilha no céu que se estendia mais do que qualquer pessoa jamais imaginara.

Melhor ainda que essa descoberta de uma nova galáxia era o fato de que havia uma maneira de medir a rapidez com que ela e quaisquer outras galáxias distantes estavam se movendo. Isso podia ser feito usando uma variação do conhecido efeito Doppler. A princípio, esse fenômeno dissera respeito ao som: se uma ambulância passa zunindo por você na rua, o ruído de sua sirene parece mudar de um som agudo à medida que ela se aproxima para um som subitamente mais grave à medida que ela se afasta a toda velocidade. O mesmo, em certo sentido, ocorre também com a luz, embora nesse caso não seja o som que muda, mas aspectos de sua cor. Uma espaçonave que está rumando em direção a você parecerá um pouco mais azul do que se estivesse estacionária; se estiver se afastando, parecerá um pouco mais vermelha. O efeito é ligeiro em baixas velocidades, mas se torna mais notável à medida que a espaçonave acelera.

Vários astrônomos já tinham começado a medir as cores cambiantes de diferentes aglomerados de estrelas no céu, e fora isso que Lemaître usara nos dados iniciais grosseiros que tentara explicar para Einstein no táxi em Bruxelas. Quanto mais afastados os grupos de estrelas estavam, mais avermelhada tornava-se a sua luz. O que havia nas regiões exteriores do espaço, fosse o que fosse, estava realmente se afastando rápido de nós.

Humason e Hubble estavam simplesmente calculando as descobertas de Lemaître sobre o movimento de estrelas em maior detalhe. Lemaître não possuía informações tão precisas sobre distâncias quanto eles. Ninguém as possuía. O grande telescópio do Monte Wilson estava lhes permitindo identificar cefeidas pulsantes em galáxias tão distantes que esses detalhes teriam ficado invisíveis aos telescópios que Freundlich arrastara para a Crimeia ou com que Eddington viajara para Príncipe. Os dados que estavam sendo adquiridos no Monte Wilson mal podiam tampouco – e como era agradável para Hubble pensar nisso – ser detectados pelo outrora poderoso telescópio de 24 polegadas na estação de pesquisa de Harvard em Arequipa para o qual Shapley em Boston enviava instruções. O telescópio de Humason tinha um espelho de cem polegadas de um lado a outro, que podia concentrar muito mais luz que o instrumento de Shapley. Assim sendo, Hubble não pôde resistir a fazer alguns comentários irritantes para seu rival, escrevendo para Shapley que "nos últimos cinco meses pesquei nove [estrelas] novas e duas variáveis … No cômputo geral, a próxima estação deverá ser feliz".[5]

Em 1929, Hubble e Humason tinham terminado. Humason, sereno como era, não se importou que o ás do boxe e herói de guerra Hubble publicasse o trabalho apenas em seu nome (embora dando crédito ao leal apoio de seu "assistente" Milton Humason). O artigo tinha um caprichado diagrama mostrando quão distantes estavam 24 diferentes galáxias, e as melhores evidências sobre a rapidez com que estavam se movendo com base em mudanças em sua cor. Havia um pouco de dispersão nos dados, mas o sentido mais importante estava claro. Galáxias estavam se afastando velozmente de nós, e, quanto mais distantes estavam, mas rapidamente o faziam.

As evidências apresentadas no artigo eram mais completas do que as de qualquer outra pessoa, e esse fato – combinado com a voz majestosa de Hubble e seu hábil uso da publicidade – assegurou que suas descobertas se espalhassem mais e muito mais rapidamente do que podiam aquelas nos *Annales de la Société Scientifique de Bruxelles*.

A notícia cruzou o Atlântico, alcançando Einstein em Berlim. E, finalmente, ele não pôde mais resistir às evidências.

Einstein deu a entender que agora o lambda estava morto. Hubble o matara – ou pelo menos havia ampliado descobertas que mostravam que ele não era mais necessário e lhes acrescentado autoridade. A equação original de Einstein foi restaurada, em toda sua bela simplicidade, mas sua psique nunca iria se recobrar.

VIAJAR NO PERÍODO entre as guerras era mais difícil do que hoje, e foi somente quase dois anos depois da descoberta de Hubble de 1929 que Einstein pôde ir à Califórnia, numa longa viagem de navio a vapor que o levou primeiro a Nova York e depois para o oeste através do canal do Panamá. Ali ele prestaria homenagem em pessoa. Quando ele e Elsa chegaram, em dezembro de 1930, seu navio foi recebido por milhares de pessoas alvoroçadas, numerosos fotógrafos e até uma banda, que começou a tocar uma canção especialmente composta para Einstein.

Se Hubble sentia-se feliz antes, meramente fingindo que tinha sido um herói de guerra e um campeão de boxe, agora, em 1931, com o maior cientista do mundo presente, seu orgulho não tinha limites. Ele enviou convites para a visita de Einstein para praticamente todas as pessoas importantes na comunidade astronômica americana. Elsa já tinha levado o marido para um grande número de jantares em Hollywood, para os quais adotou um procedimento de seleção eficiente, ainda que não especialmente polido. À medida que os convites chegavam aos borbotões, ela aceitava todos eles; depois, no último minuto, decidia qual o marido iria apreciar mais e cancelava os outros. Convites da nata de Hollywood eram sempre aceitos, e Einstein compareceu à *première* em Hollywood do filme *Luzes da cidade* ao lado de seu astro, Charlie Chaplin, cercado por fotógrafos e multidões.

Hubble sabia que seu convite em particular não seria cancelado pelos Einstein. No próprio grande dia, terça-feira, 29 de janeiro de 1931, vestiu-se cuidadosamente: seus sapatos muito bem engraxados; seu melhor *plus fours* no estilo de Oxford (calças apertadas abaixo do joelho); seu cachimbo; seu paletó de tweed favorito – talvez uma última verificação da gravata –, e estava pronto.

O veículo que habitualmente conduzia visitantes ao topo do monte Wilson era um velho caminhão barulhento. Para a presença de Einstein, Hubble alugou em vez disso um elegante carro de passeio Pierce-Arrow. Os fotógrafos e cinegrafistas dos noticiários que se apertaram para registrar Einstein e a mulher dentro do carro viram ao lado dele, à direita do grande homem, um radiante, exuberante, completamente satisfeito Edwin Powell Hubble.

Einstein com Charlie Chaplin na *première* de *Luzes da cidade* em Los Angeles, janeiro de 1931. Quando Einstein lhe perguntou o que toda aquela atenção significava, Chaplin respondeu: "Não significa nada"[6]

Hubble manteve-se junto de Einstein nos vinte minutos de curvas fechadas montanha acima, e também enquanto eles inspecionavam a torre de 45 metros de altura onde um telescópio de captura de imagens solares estava abrigado (só ficando atrás por um breve – e inquietante – momento, quando Einstein prosseguiu até o topo no elevador aberto para um único passageiro, puxado ao longo da subida de quinze pavimentos por um cabo delgado). Depois que Einstein estava de volta da torre em segurança – e manchetes dizendo MAIOR GÊNIO DO MUNDO MORTO POR ASTRÔNOMO INCOMPETENTE tinham sido evitadas –, Hubble não o soltou. Manteve-se junto de Einstein quando foram ao prédio principal e às outras construções do telescópio, e, quando chegou a hora de entrar na enorme cúpula onde o gigante de cem polegadas estava abrigado, tão logo o lépido Einstein começou a subir para a passarela exposta no ponto mais alto – de onde se descortinava por vezes uma vista espantosa de Los Angeles à distância, muito, muito abaixo –, Hubble trepou até lá a seu lado. "Ele mais ou menos se intrometia ou abria caminho à força", recordou mais tarde um colega. "Era ali que queria ser fotografado, com o grande homem."[7]

Depois do jantar, quando o sol finalmente se pôs e as estrelas apareceram, Hubble escoltou Einstein de volta para o telescópio de cem polegadas, dessa vez não para fazer fotos, mas para olhar através da ocular e examinar os planetas, nebulosas e estrelas. Se o maior prazer de Hubble esteve em receber Einstein ou em saber que Shapley teria de ler sobre isso no jornal nos dias seguintes (pois Shapley era um convite que Hubble tinha de algum modo se esquecido de enviar), não foi registrado.

Hubble amava a glória, mas não era egoísta – pelo menos não inteiramente –, e sabia que seria apenas justo se Humason participasse do dia. Quando ele contou a Einstein que aquele era o excelente sujeito que de fato executara os registros reais para detectar os desvios para o vermelho – os dados que provavam a rapidez com que as galáxias estavam se movendo –, Einstein instalou-se num dos escritórios do observatório para examinar as placas originais. Ele havia passado anos no Departamento de Patentes em Berna, e sempre gostara de construir coisas. Durante toda a sua juventude, é claro, seu pai e seu tio haviam estado imersos na engenharia. Ele respeitava habilidades sólidas, práticas. Humason tinha as mãos nodosas do trabalhador braçal que fora na juventude. Ficou claro para Einstein, enquanto os dois homens examinavam as imagens, que Humason não pegara nenhum atalho em seu trabalho. Os desvios eram inquestionáveis. Galáxias inteiras estavam se afastando rapidamente, a velocidades cada vez maiores.

Na biblioteca do observatório no dia seguinte ao da célebre visita, em frente a um número ainda maior de fotógrafos e jornalistas, Einstein retratou-se. Lendo em voz alta, em seu inglês que ainda não correspondia inteiramente à língua inglesa, disse: "Novas observações feitas por Hubble e Humason … relativas ao desvio para o vermelho de luz em nebulosas distantes tornam as presunções próximas de que a estrutura geral do universo não é estática. Investigações teóricas feitas por Lemaître … mostram uma visão que se ajusta bem à teoria da relatividade geral."[8]

Era uma grande notícia. "Um arquejo de assombro percorreu a biblioteca", escreveu o principal repórter da Associated Press presente, pois a mania da relatividade estava tomando conta do país. No artigo que anunciou formalmente sua concepção alterada, Einstein escreveu: "É extraordinário que os novos fatos de Hubble permitam à teoria da relatividade geral parecer menos forçada (a saber, sem o termo Λ)."[9] Foi um retorno à beleza que ele sempre amara.

Einstein havia aceitado o fim do lambda assim que os achados de Hubble foram divulgados em 1929, mas sua viagem ao monte Wilson dois anos depois, em 1931, prestando-lhes reverência pública, tornou isso oficial. A revista *Punch*, na distante Inglaterra, logo estava escrevendo:

When life is full of trouble
And mostly froth and bubble,
I turn to Dr. Hubble,
*He is the man for me!**[10]

* Em tradução livre: Quando a vida está difícil/ Cheia de espuma e bolhas/ Recorro ao dr. Hubble/ Ele é o homem para mim. (N.T.)

Para um anglófilo que usava *plus fours* como Hubble, esse endosso era muito bom. Mas ele era também um menino de fazenda vindo dos montes Ozark, e por isso uma manchete que apareceu várias semanas antes nas estimadas páginas do *Springfield (Missouri) Daily News* foi ainda melhor:

JOVEM QUE DEIXOU OS MONTES OZARK PARA ESTUDAR
AS ESTRELAS FAZ EINSTEIN MUDAR DE IDEIA

14. Finalmente tranquilo

DESAPARECIDO O LAMBDA, Einstein, finalmente, estava tranquilo. "Desde que introduzi esse termo, sempre tive consciência pesada", explicou ele mais tarde, "era incapaz de acreditar que uma coisa tão feia pudesse ser realizada na natureza."[1] O alívio ao ser capaz de admitir isso – em especial para si mesmo – foi intenso.

Era tarde demais para pedir desculpas a Friedmann, pois o triste russo, subnutrido, havia morrido de tifo vários anos antes, sem nunca saber quanto suas ideias seriam validadas. Mas o corpulento Lemaître ainda estava por aí, e Einstein foi o mais generoso que pôde. Numa conferência na Califórnia em 1933, dois anos após o evento do Monte Wilson, Einstein levantou-se e disse a respeito do trabalho mais recente de Lemaître: "Esta é a mais bela e satisfatória interpretação ... que ouvi."[2]

Mais tarde em 1933, novamente em Bruxelas, onde tinham se encontrado pela primeira vez em 1927, não só Einstein não tentou bater a porta de um táxi na cara do padre como anunciou numa conferência que o padre Lemaître teria "algumas coisas muito interessantes para nos dizer"[3] – o que lançou Lemaître num frenesi de atividade antes das sessões seguintes, pois não tinha sabido que faria uma apresentação. Quando conseguiu costurar uma palestra improvisada, Einstein pôde ser ouvido do chão, sussurrando alto em seu francês com sotaque suábio: *"Ah, très joli; très, très joli."*[4]

Einstein estava feliz não apenas porque provara estar certo em sua visão original simétrica de G=T. Ele via também agora que as descobertas de Hubble permitiam que nós na Terra fôssemos como aqueles habitantes de Planolândia na fantasia de Edwin Abbott, que conseguiram ir além de seu universo e ver o que estava realmente acontecendo. O sr. Quadrado tinha precisado de uma esfera visitante para ajudá-lo. Friedmann havia sugerido – também metaforicamente – enviar um viajante que marcharia numa linha perfeitamente reta e veria se terminava voltando para casa. Nenhuma dessas duas coisas tinha probabilidade de funcionar aqui, mas a técnica cartográfica que Grossmann ensinara a Einstein – a tática simples de medir os ângulos de triângulos e retângulos e ver se as figuras eram planas, ou se suas superfícies se abaulavam – estava mais próxima da solução real que Einstein podia usar agora.

Era uma solução que o próprio Hubble não pôde compreender inteiramente. Ele entendia que as estrelas cefeidas em Andrômeda mostravam que nossa galáxia era apenas uma de muitas outras galáxias – imensas ilhas, cada qual contendo bilhões de estrelas, que se estendiam até muito longe no espaço: até o próprio limite do que o novo telescópio de cem polegadas nas montanhas do seco deserto da Califórnia podia detectar. E os desvios para o vermelho de Humason mostravam que essas galáxias estavam se afastando de nós, e rapidamente – e, quanto mais distantes estavam, mais rapidamente se moviam.

Era mais ou menos até aí que Hubble podia chegar, pois ele teria sido o primeiro a admitir que não era nenhum teórico. O trabalho de Einstein já tinha estranhas consequências: o tecido do espaço vazio enrugou-se quando Hubble subiu numa escada e "empurrou" através dele, e sacudindo a mão fez o espaço afundar e se arquear em volta dela. As últimas descobertas eram ainda mais surpreendentes. A observação através do telescópio de cem polegadas de que as galáxias distantes estavam se afastando de nós a toda velocidade faria sentido se o universo tivesse sido criado no alto de uma montanha na Califórnia e – como se a partir de uma explosão cataclísmica de magma – tudo ainda estivesse se movendo para fora a partir daquele ponto. Mas mesmo o imodesto Hubble não podia realmente acreditar que todas as galáxias distantes em nosso universo soubessem onde ele estava e que ele estaria no centro de todos os eventos futuros, vendo-as recuar.

A verdadeira explicação era mais humilhante. Imagine que você está segurando um balão de criança vazio, de cor branca. Agora, com uma caneta marcadora vermelha, ponha nela uma dúzia de pontos vermelhos. Comece a encher o balão, e verá que os pontos começam a se afastar uns dos outros.

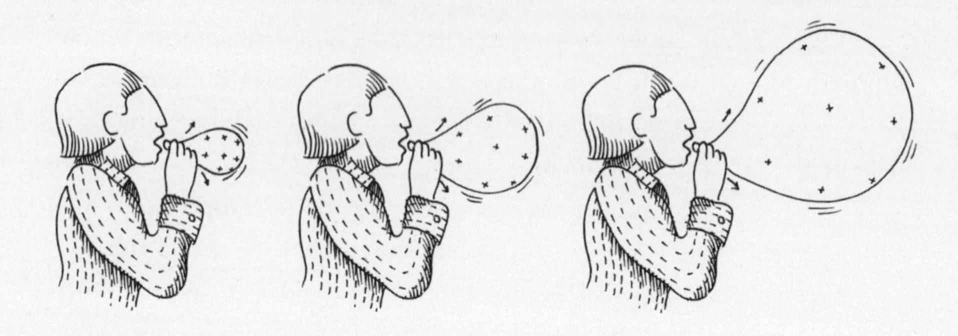

Melhor ainda, pontos próximos uns dos outros estarão se separando devagar. Pontos mais distantes entre si estarão se separando mais rapidamente. Não importa onde você começa. Olhe para um dos pontos que estão por acaso no alto do balão. À medida que você sopra, os pontos mais próximos dele se deslocarão por uma pequena distância. Pontos no outro extremo se moverão mais rapidamente, com a totalidade de seu sopro dentro do balão impelindo-os a se afastar. Agora desloque sua atenção para um ponto particular entre esses pontos vermelhos distantes. No mesmo tempo necessário para que os que estão mais próximos dele se movam por uma curta distância, aqueles que estão mais longe dele ficarão muito mais longe.

O efeito torna-se muito mais forte se você imaginar isso acontecendo na Terra. Você está parado em Londres, nas Casas do Parlamento, e vê o bucólico reino encantado de Battersea, do outro lado do Tâmisa, começando a se afastar lentamente de você. Isso não é excessivamente surpreendente, pois você observa que o Tâmisa está se alargando à majestosa razão de 1 km/h. Mas notícias de rádio informam que Dublin está se afastando de você a mais de 100 km/h e que Nova York – ainda mais distante – está se afastando a uma velocidade de 3 mil km/h.

Isso poderia fazer sentido se houvesse um fluxo gigantesco de lava sob o Tâmisa separando a Terra, com Londres no centro. Mas depois começam a chegar outras notícias, estranhas. Um repórter da BBC em Nova York insiste que sua impressão é de que *ele* está parado. A costa de Nova Jersey está se afastando dele à majestosa velocidade de 1 km/h, à medida que o rio Hudson se alarga lentamente. Mas Toronto, mais distante de Nova York, está recuando à razão de 300 km/h, e é a ainda mais distante Londres que está se afastando a 3 mil km/h.

Isso é estranho, pois como podem tanto Londres *quanto* Nova York ter a impressão de serem o epicentro estático de um gigantesco fluxo de lava planetário? Isso só pode acontecer se todo o volume de nosso planeta estiver se expandindo. O que acontece na superfície pode parecer estranho – essas cidades se afastando umas das outras dessa maneira desigual –, mas, se você vir a Terra como um gigantesco balão ou bola de praia que está se enchendo, faz perfeito sentido. Cidades próximas se afastam lentamente. Cidades distantes – pontos distantes na superfície do planeta – se separam umas das outras mais rápido, à medida que toda a esfera infla.

Isso era efetivamente o que Milton Humason tinha medido no espaço exterior. As galáxias distantes são como os pontos em nosso balão ou as cidades em nosso planeta. E o fato de que elas não apenas estão se separando, mas de que, seja qual for o ponto em que você se encontra, os pontos próximos estão se movendo lentamente e os mais distantes estão se movendo mais rapidamente, pode significar apenas uma coisa. O que nos parece ser todo o nosso universo – o espaço tridimensional em que vivemos – é na realidade apenas a superfície de uma outra coisa: algo imenso; algo aterrador. Um balão bidimensional se expande de uma maneira que compreendemos no espaço tridimensional. Por analogia, nosso universo tridimensional, com todas as nossas galáxias e planetas, deve estar se expandindo num espaço de quatro dimensões – uma consequência lógica que nossas mentes limitadas não têm como visualizar.

Para Einstein, as descobertas de Humason eram aquilo por que sempre esperara. A previsão contida em sua equação original – o que ele afastara equivocadamente quando Friedmann e Lemaître tinham tentado lhe mostrar – estava certa. Nosso universo é apenas a superfície de algo como uma esfera gigantesca. Galáxias se espalham por toda a sua superfície, e no momento estão se separando a toda velocidade umas das outras, à medida que a esfera "subjacente" está se expandindo. Nós em nossa Via Láctea não somos especiais; tampouco nossa galáxia particular. Somos todos apenas pontos sobre um balão em expansão, ou dentro dele. É desorientador para nós, habitantes de "Planolândia", imaginar isso – mas tem de ser verdade, dadas a medições inequívocas feitas no Monte Wilson.

Nessa altura, em 1929 e nos anos imediatamente subsequentes, Einstein estava mais tranquilo em sua vida pessoal. Ele e Marić tinham chegado a um entendimento, em grande medida porque Michele Besso agira como um intermediário apaziguador. Einstein havia também considerado justo dar a Marić o substancial pagamento que recebera pelo prêmio Nobel. Ela investiu a maior parte do dinheiro em imóveis para alugar. O fato de estar financeiramente segura a tornou menos amarga, o que por sua vez ajudou Einstein a ficar mais próximo dos filhos. Depois de umas férias com os meninos, Einstein escreveu para Marić que o bom comportamento deles mostrava "que você provou saber o que está fazendo".[5]

A vida com Elsa também estava melhorando. Assim que a conhecera, ele havia escrito: "Preciso amar alguém, de outro modo é uma existência horrível. E esse alguém é você."[6] Essa explosão inicial de amor arrefecera após seu casamento em 1919, mas pouco a pouco retornou numa medida surpreendente. Ainda que continuasse tendo aventuras amorosas, Einstein nunca a humilhava diretamente, era sempre generoso e tinha um senso de humor que ela adorava. Ele também reconhecia que mesmo um casamento imperfeito podia produzir suas próprias satisfações. Elsa tinha a maior admiração por ele; era uma excelente anfitriã, sempre deixando as pessoas à vontade; e ele apreciava seu senso de humor gentilmente irônico.

Em dezembro de 1930, por exemplo, quando eles chegaram à Califórnia para a inspeção dos resultados de Hubble, entre a multidão que esperava havia várias dezenas de chefes de torcida. A visão lhes parecera tão absurda que Elsa decidiu inspecioná-las como se fossem uma guarda militar – caminhando ao longo delas e murmurando comentários apropriados sobre sua aparência, para grande diversão do marido.

Nada a desconcertava. Em outra ocasião, ao visitar a Universidade de Chicago com Einstein, ela falou sobre uma recente estada em Princeton, dizendo que ela e o marido tinham gostado muito de lá, apesar da dificuldade com as cobras voadoras. Como os entrevistadores ficaram confusos, ela explicou: as cobras voadoras que a picaram nas mãos. Como eles ficaram mais confusos, ela continuou: as mesmas cobras voadoras que tinham voado debaixo de sua saia! Foi nesse momento que uma anfitriã bilíngue interveio. Eram realmente cobras voadoras? – perguntou ela a Frau Einstein em alemão. Elsa sacudiu a cabeça. Os americanos podiam ser tão ingênuos. "*Nein!*" explicou. "*Ich spreche von Schnaken!*" (Estou falando sobre mosquitos).*[7]

Na casa deles em Berlim, Elsa fazia grande esforço para assegurar o conforto do marido. Einstein gostava de morangos frescos, por exemplo, por isso ela os comprava sempre que possível. O casal tinha um periquito azul, o que tornava a cozinha agradável, e também fazia serões musicais em casa. Einstein tinha ainda muito tempo para relaxar sozinho com o piano ou seu amado violino, embora os vizinhos não gostassem que ele o tocasse com tanto vigor à noite na ecoante cozinha azulejada.

Mesmo temporadas em sua casa de verão muitas vezes levavam a bons momentos. Einstein gostava de compartilhar caminhadas e as belas vistas com Elsa e suas enteadas. Seu filho Hans Albert, agora mais reconciliado com ele, pelo menos uma vez apareceu dirigindo uma motocicleta, para fascínio de todos. Havia caça ao cogumelo nas matas, o estranho brinquedo ioiô que o filho de um vizinho os deixou experimentar, as árvores frutíferas e a varanda sombreada. Foi para Hans Albert que Einstein havia dito que sua mulher estava "longe de ter uma mente brilhante", mas em seguida acrescentara: "[No entanto] é excepcionalmente bondosa."[8]

As filhas de Elsa parecem ter tomado o lado do padrasto e concluído que a vida com "Pai Albert" mais do que compensava o sacrifício da aceitação

---

* A confusão só faz sentido entre os idiomas alemão e inglês, por causa da semelhança entre as palavras snakes (cobras) e *Schnaken* (mosquitos). (N.T.)

de suas aventuras. E, sempre que isso era realmente necessário, Einstein recuava para proteger seu casamento. Em 1924, por exemplo, ele tinha escrito para uma jovem aluna de pós-graduação excepcionalmente apaixonada que não haveria futuro para eles e que ela deveria simplesmente "encontrar alguém que seja dez anos mais jovem que eu e a ame tanto quanto eu".[9]

Assim como a vida familiar havia se estabilizado, ele alcançara o equilíbrio sob outros aspectos também – pelo menos, era o que pensava. A razão por que sentia isso pode ser vista em sua reação a uma contribuição particular feita pelo homem que outrora fora uma pedra em seu sapato: Lemaître.

Em 1927, antes que tivesse decidido se livrar do lambda, Einstein tinha sido rude com Lemaître, não dando séria atenção a seu trabalho. Isso havia ferido o inexperiente belga, deixando-o desanimado. Após finalmente obter o apoio de Einstein, no entanto – bem como o de Eddington e de todos os outros que contavam –, a confiança de Lemaître voltou. Ele começou a examinar um pouco mais a dinâmica que havia extraído da equação pura de Einstein. O universo poderia estar se expandindo, ou – em conformidade com a visão de Friedmann, que correspondia de maneira tão assombrosa a mitos hindus – poderia estar constantemente se expandindo e se contraindo, como se estivesse "ricocheteando" em tamanho. No entanto ambas essas concepções presumiam que esse era um processo que sempre estivera acontecendo: que não teria havido nenhuma criação, assim como não haveria nenhum fim.

Por quê?

Pelo resto da vida, Lemaître insistiu que o que ele fez em seguida nada tinha a ver com suas crenças religiosas – que a religião era um caminho para a verdade e a ciência outro, e as duas podiam operar de maneira completamente independente uma da outra. Mas anotações descobertas após a sua morte mostram que, mesmo quando ainda se preparava para o sacerdócio, no seminário, ele tinha feito uma nota para si mesmo: "Como o Gênesis sugeriu, o Universo havia começado pela luz."[10]

Agora, novamente confiante nos anos após 1929, ele começou a ver como também essa ideia poderia estar escondida dentro da equação pura de Einstein. Não seria possível simplesmente viajar para trás no tempo e ver a partir do que isso tudo devia ter começado? Com as medidas do Monte Wilson, reflexões desse tipo não eram mais inteiramente teóricas. Humason havia mostrado que algumas galáxias estavam se afastando para longe de nós com tanta rapidez que ontem elas haviam estado talvez um bilhão de quilômetros mais próximas, e anteontem dois bilhões de quilômetros. Todas as galáxias além de nosso aglomerado local haviam outrora estado mais próximas. Era como se uma granada gigantesca tivesse detonado muito tempo atrás, arremessando fragmentos – essas galáxias – voando para fora. Nós chegamos muito tarde ao cenário e só pudemos ver esses fragmentos voadores. Mentalmente, porém, podíamos retroceder, e retroceder, até alcançarmos o momento inicial – o que Lemaître chamava de "Um Dia Sem Ontem".

Lemaître publicou seus novos cálculos em 1931. Eles eram mais complicados que o sumário precedente, pois, em vez de imaginar o "átomo" primordial como uma bolha de matéria dentro de uma região do espaço, tínhamos de imaginar o próprio espaço e tempo passar zunindo para um ponto mais estreitamente comprimido. Nossa matemática pode ser precisa, mas nossas visões mentais – e nossas palavras – têm de permanecer metafóricas. Lemaître fez uma tentativa, dizendo: "A evolução do universo pode ser comparada a uma exibição de fogos de artifício que acaba de terminar; algumas mechas, cinzas e fumaça. De pé sobre cinzas bem resfriadas, vemos o enfraquecimento dos sóis, e tentamos recordar o brilho desaparecido das origens dos mundos."[11] Essa foi, de fato, o que Einstein chamou em 1933 de "a mais bela e satisfatória interpretação da criação que já ouvi".[12]

A teoria de Lemaître das origens do universo era assombrosa. Era revolucionária. E ela – como tantas outras realizações seminais em física – devia tudo a G=T.

A reabilitação da equação original da gravitação de Einstein teve uma consequência boa e uma ruim. A boa foi que Einstein – e todos os que compreendiam sua equação – tinha acabado de ver um dos mais espantosos aspectos da ciência: seres humanos podiam escrever equações precisas que são "mais inteligentes" que as pessoas que as conceberam, no sentido de que essas equações podem gerar previsões precisas e assombrosas que seus criadores nunca perceberam estarem ali.[13] Um mero mortal, sentado em seu escritório e perambulando pelas ruas de Zurique e Berlim, tinha sido capaz de usar o pensamento puro para chegar à ideia de que G=T, e ao fazê-lo havia aberto as comportas das muitas espantosas – e, francamente, inimagináveis – previsões que depois passaram a jorrar dela.

Ainda mais satisfatória para Einstein foi a crença de que seus pensamentos tinham revelado que o universo é bem-arrumado: erguido sobre princípios primorosamente claros. Essa unidade arquitetônica era o que ele sempre amara. Ao ficar livre do lambda, ele recebeu confirmação de que essa realidade nítida verdadeiramente estava lá fora, esperando que os seres humanos a descobrissem.

A outra consequência foi menos positiva.

Gênios têm de fazer um grande esforço para chegar às suas primeiras ideias. Quase sempre, estão indo muito além do que todos supõem ser verdade e têm de ter confiança de que estão certos. Isso envolve ser obstinado. Mas eles precisam também ser flexíveis, assegurando que suas descobertas incorporem toda a informação factual relevante, depois mantendo seu trabalho posterior atento ao que outros estão descobrindo. O truque é equilibrar-se nessa linha entre o flexível e o obstinado sem se desviar demais para nenhum dos lados.

Einstein estava prestes a romper esse equilíbrio. Ele só havia acrescentado o desajeitado lambda à sua equação porque Freundlich e os outros astrônomos que trabalhavam em 1915 e 1916 não tinham conhecimento da expansão do universo. Se possuíssem todos os fatos, nunca teriam se oposto a ele, e ele não teria feito tal coisa. Nunca mais, jurou, se deixaria enganar da mesma maneira; nunca mais permitiria que o estado limitado do conhecimento experimental o fizesse solapar o que ele estava convencido de ser uma teoria pura e atraente.

Anos mais tarde, ao que parece, Einstein disse a um colega que inserir o lambda tinha sido "a maior tolice de minha vida". Mas estava errado com relação a isso. Ele cometeu um erro ainda maior nesse momento ao decidir que podia ignorar experimentos que pareciam refutar o que estava convencido de estar certo. Tinha cometido esse erro em suas relações com Friedmann e Lemaître, mas o tinha cometido em outros aspectos, também. Ao longo dos anos, havia colidido com outras evidências experimentais que sugeriam que o universo era menos bem-arrumado do que imaginava. Nunca quisera aceitar isso. Agora sua experiência com o lambda o tornara completamente inflexível – e menos inclinado que nunca a aceitar descobertas desagradáveis sobre como o cosmo realmente funcionava.

PARTE V

O maior erro

Einstein, início dos anos 1930

15. Subjugando o arrivista

Em todos os anos em que Einstein estivera trabalhando em questões de grande escala da estrutura do universo, a física fizera também avanços no domínio do ultrapequeno, no nível de átomos e elétrons. Isso estava acontecendo ao mesmo tempo que Einstein concebia G=T, e mais tarde quando ele o adulterou com o lambda, e ainda mais tarde durante os mais de dez anos em que tolerou desconfortavelmente a existência do termo indesejado. Uma visão inteiramente nova estava ganhando forma. Ela representava um salto tão grande em nossa compreensão do mundo que habitamos quanto aquele que os vitorianos haviam criado em sua física do século anterior, e aquele que as teorias de Einstein da relatividade especial e geral haviam levado a cabo durante o século XX. Essa revolução ameaçaria tudo que Einstein acreditava ser verdadeiro, e sua reação conduziria ao isolamento científico que sofreu em Princeton.

O velho paradigma havia sido amável com Einstein, que se familiarizara com ele, no exato momento em que outros físicos trabalhavam para derrubá-lo. Quando ele era jovem, e mesmo quando estava na casa dos vinte e dos trinta anos, enquanto realizava tantas coisas com as ideias que conduziram a G=T, os pensadores supunham que, quer olhássemos para objetos grandes ou pequenos, seria possível encontrar leis precisas que explicavam como se moviam. No entanto, até aquela altura da vida de Einstein, estavam emergindo evidências para sugerir que não era esse o caso – mesmo que seus colegas cientistas tivessem tido grande dificuldade em aceitar essa interpretação a princípio.

Em 1908, por exemplo, quando trabalhava em Manchester, o franco e cordial pesquisador neozelandês Ernest Rutherford havia descoberto algo que parecia estranho demais para se compreender. Ele tinha disparado pequeninas partículas contra finas lâminas de átomos, e embora a maioria as tenha atravessado diretamente, ou sido defletidas, desviando-se de seu curso por alguns graus, houve um pequeno número de partículas que foi diretamente devolvido.

"Foi certamente o evento mais incrível que já me aconteceu na vida", escreveu ele. "Foi quase tão incrível como se você disparasse um projétil de quinze polegadas contra um pedaço de papel de seda e ele voltasse e o atingisse."[1]

A descoberta de Rutherford desafiava todas as expectativas sobre como partículas subatômicas se comportariam – no entanto o efeito de ricochete que ele descobriu não pôs fim à ideia de que tudo podia ser compreendido com certeza exata e causal. Após apenas algumas semanas de confusão, Rutherford deduziu que o que isso realmente significava não era que havia caos aleatório dentro de um átomo, mas sim que havia algo muito duro ali. Esse pedaço duro no centro de cada átomo, ele compreendeu, podia ser visto como se assemelhando a um sol em miniatura. Voando em torno dele, o físico imaginou que haveria planetas em miniatura. Esses eram os muito mais leves elétrons. As partículas que ele disparara contra os átomos tinham em sua maioria passado através do espaço vazio entre os "planetas" em miniatura, mas ocasionalmente uma atingira o rijo "sol" no centro – o que ele veio a chamar de o núcleo do átomo –, e fora por isso que havia sido defletida de volta.

Essa era uma visão confortadora e familiar – a ideia de que o micromundo operava exatamente como uma cópia em miniatura do macromundo; que nós seres humanos vivíamos num planeta com um grande sistema solar, e dentro de nós havia uma multidão de "sistemas solares" menores constituindo os átomos de que éramos compostos. Nada disso solapava a visão comum de como a ciência avançava: que com análise ainda maior e instrumentos mais poderosos os cientistas continuariam a ver atividades precisas, por mais que penetrassem profundamente na matéria.

Depois, em 1912 e 1913, o cientista dinamarquês Niels Bohr deduziu ainda mais detalhes sobre esses "sistemas solares" em miniatura que Rutherford descobrira. Enquanto Rutherford parecia um típico fazendeiro atarracado da Nova Zelândia, Bohr não se parecia com mais ninguém. Tinha uma cabeça grande e larga e dentes incomumente grandes. Quando ele e o irmão tinham um ou dois anos, consta que um passante teria se condoído de sua mãe por ter aqueles filhos tão claramente anormais. No entanto, ele foi também um excepcional jogador de futebol. Em sua defesa de tese no doutorado, os professores da Universidade de Copenhague ficaram desconcertados ao ver que muitos dos presentes eram simplesmente outros jogadores de futebol que tinham vindo apoiar seu notável colega de time. O irmão ainda mais habilidoso de Bohr foi um astro do time nacional Olympic e conta-se que mais tarde, quando Niels ganhou o prêmio Nobel, uma manchete num jornal esportivo dizia: IRMÃO DE ASTRO DO FUTEBOL GANHA PRÊMIO DE FÍSICA.

Niels Bohr em férias na Noruega, 1933

Bohr murmurava quando falava, o que fazia com inusitada lentidão, mas era o mais gentil dos homens, com uma mente profunda e criativa, e se deliciava com amigos que compartilhavam sua capacidade de ter uma visão original da vida. Ao começar seu trabalho sobre as órbitas dos elétrons, por exemplo, Bohr estudava sob a orientação de Ernest Rutherford e se hospedava numa pensão em Manchester. Os estudantes que viviam ali desconfiaram que a dona da pensão estava reciclando o assado do domingo, transformando-o em pratos por tantos dias ou semanas depois que ele não estava mais próprio para ser comido. Um dos estudantes, o húngaro George de Hevesy, após refletir, decidiu batizar seus restos no domingo com um marcador radioativo do laboratório de Rutherford. Um aparelho semelhante a um contador Geiger introduzido sorrateiramente na pensão muitos dias depois mostrou que as desconfianças dos rapazes tinham fundamento. Bohr e De Hevesy tornaram-se amigos para o resto da vida (e De Hevesy mais tarde ganhou o prêmio Nobel por seu trabalho sobre marcadores radioativos).

Na pesquisa de Bohr sobre a arquitetura dos átomos, muitas de suas primeiras descobertas pareceram estranhas demais para serem incorporadas na marcha da física racional. Ele compreendeu que elétrons não poderiam realmente operar como os sistemas solares em miniatura que Rutherford tinha imaginado. Se elétrons começassem a circular o núcleo, logo acabariam caindo para dentro e os átomos desmoronariam. No entanto, como nós, e nosso planeta, e grande parte do universo somos feitos de átomos que *não* desmoronaram – como nossos corpos não se reduziram a partículas concentradas de poeira –, alguma outra coisa devia estar acontecendo para manter os elétrons em rápido movimento mais estavelmente em posição.

Mas esse estranho aspecto das órbitas dos elétrons era, como a descoberta de Rutherford sobre os núcleos atômicos, algo que podia ser compreendido no que ainda eram termos bastante convencionais. Bohr elaborou a noção de que os elétrons estavam presos numa variedade fixa de órbitas possíveis. Eles não podiam deslizar aleatoriamente de uma posição distante para uma mais próxima do núcleo central. Em vez disso, estavam restritos a dar pequeninos saltos de uma órbita particular para outra. Seria como se Netuno pudesse de repente aparecer girando em órbita bem junto da Terra, ou talvez ao lado Marte, ou de outro planeta, mas nunca pudesse aparecer em nenhum outro lugar no sistema solar. Esse conceito, como a teoria de Rutherford, era estranho de se imaginar – mas, depois que foi aceito, não havia nenhum limite inerente para os detalhes com que os fenômenos subjacentes podiam ser descritos. Esses saltos tornaram-se conhecidos como saltos quânticos (no sentido de "quantidade"). O termo enfatiza a maneira como eles ocorrem em quantidades fixas, discretas.

A VISÃO CLÁSSICA COM que Einstein havia sido criado estava sendo esticada, mas ainda não se rompera. Na verdade, ele tinha sido um ator central em muitos dos primeiros avanços do século XX no domínio do ultrapequeno: tão bem-sucedido que seu prêmio Nobel não fora por seus estudos de grande escala como G=T, mas pelo trabalho que fizera em 1905 explicando como a luz podia ser uma partícula e uma onda ao mesmo tempo. O lado partícula podia ser usado para explicar a maneira como metais tão frequentemente arremessam elétrons para fora quando atingidos por luz. Para o mundo exterior, essa ideia pareceu mais uma marca de seu gênio, mas para Einstein ela apenas fez sentido: o universo sempre tem uma ordem, que a razão humana pode encontrar.

Uma década após suas descobertas de 1905 sobre os fótons, em sua exuberância logo após chegar ao G=T em Berlim, Einstein havia levado seu trabalho inicial sobre partículas subatômicas ainda mais longe. No verão de 1916, repousando após a exaustiva pesquisa que levara a G=T, ele detalhou como elétrons que de outro modo não eram passíveis de despencar de órbitas "mais elevadas" em torno de seus átomos podiam, às vezes, ser excitados se bombeássemos luz extra para atingi-los. Quando essa luz extra fazia então esses elétrons "caírem", eles liberavam suas próprias explosões de luz, como Lúcifer despencando do céu. Isso poderia levar a uma espécie de reação em cadeia: produzindo nesse caso não uma mortífera explosão atômica, mas simplesmente luz pura e útil.

Einstein não teria sido capaz de construir uma máquina para manter esse processo em curso com o equipamento limitado disponível em Berlim em tempo de guerra. Mas essa amplificação da luz por emissão estimulada de radiação – cujo acrônimo em inglês, *light amplification through the stimulated emission of radiation*, levou ao nome "laser" – seria finalmente compreendida por seus colegas pesquisadores. Nesse artigo aparentemente despretensioso, Einstein havia estabelecido a dinâmica básica do laser: a invenção que está no cerne dos cabos de fibra óptica atuais, e sem a qual a internet não funcionaria. E, como não podia saber quando os saltos eram dados, ele introduzira a probabilidade de que ocorressem sem nenhuma causa.

A grande questão era se essas ideias sobre fótons, elétrons, núcleos e outros itens subatômicos ainda se encaixavam na certeza subjacente que toda a ciência, desde Galileu e Newton, estivera encontrando no mundo. Einstein acreditava que sim – contudo sua convicção de que o universo era governado por princípios ordenados e lógicos estava cada vez mais em desacordo com a pesquisa mais recente. Por exemplo, ele não gostava da maneira como, pelo menos em seus achados preliminares, não podia distinguir exatamente que elétrons seriam expulsos de suas órbitas primeiro. "A fraqueza da teoria", escreveu em seu comentário publicado, "reside … no fato … de que ela deixa a duração e a direção dos processos elementares entregues ao 'acaso'."[2]

Na época, Einstein não ficou muito profundamente incomodado pela aleatoriedade inerente à sua teoria sobre a liberação de luz de elétrons em queda. Em muitos outros campos, nós nos contentamos com médias estatísticas: a altura dos recrutas nos exércitos francês e alemão; a cor das folhas numa floresta em certa época do ano. Nada disso significa que a aleatoriedade verdadeiramente prevalece. Acreditamos que, se examinássemos mais atentamente, seríamos capazes de acompanhar a sequência de eventos que levou cada recruta a ser de uma altura particular, ou cada folha a assumir um matiz particular. A ideia comum é que esse tipo de recurso à estatística, à probabilidade, não é fundamental, mas apenas um atalho conveniente quando não somos capazes de examinar a casualidade detalhada por trás de cada objeto particular – que, caso examinássemos esses detalhes, a necessidade de probabilidades desapareceria.

A crença de Einstein de que a aleatoriedade acabaria sendo dissipada de sua teoria explica por que pôs a palavra "acaso" entre aspas. Ele sabia que, dentro de seus cálculos, era útil falar sobre as probabilidades dos vários tipos de transições.[3] No fundo, porém, continuava sendo um físico clássico. Introduziu as aspas para mostrar sua crença de que, se tivéssemos tempo de examinar os detalhes, iríamos sem dúvida ver que cada transição tinha causas simples, precisas. "A verdadeira piada apresentada a nós aqui pelo eterno criador de enigmas", disse Einstein a seu amigo Besso, "ainda não foi compreendida de maneira alguma."[4]

Einstein acreditava que os grandes enigmas do universo podiam ser respondidos de uma maneira lógica. Em meados dos anos 1920, no entanto, estavam chegando resultados que pareciam violar essa clareza prometida – e foi isso que o pôs numa rota de colisão com seus colegas físicos no florescente estudo do ultrapequeno.

À MEDIDA QUE a pesquisa subatômica avançou nos anos 1920, tornou-se cada vez mais claro que esse minúsculo domínio parecia seguir princípios muito mais inesperados do que qualquer pessoa teria imaginado. Embora átomos tão simples quanto o de hidrogênio seguissem os princípios que Bohr havia estabelecido, outros mais complexos – de carbono, ouro, alumínio – pareciam ter elétrons que agiam de maneira inteiramente diferente. Arnold Sommerfeld e outros fizeram tentativas de improvisar consertos e fazer tudo continuar operando por meios convencionais, como imaginar que os elétrons não se assemelhavam inteiramente a planetas do sistema solar girando em torno do núcleo central, todos em círculos nítidos em um plano, mas estavam em vez disso seguindo elipses ou voando em complexos padrões tridimensionais em volta do núcleo. Mas tudo isso eram quebra-galhos.

Em 1924, Max Born, amigo de Einstein e professor da ilustre universidade alemã de Göttingen, disse a seus melhores alunos de pós-graduação e assistentes de ensino que estava farto dessas meias medidas e queria tentar encontrar uma teoria que pudesse tratar delas. Ele era quase da idade de Einstein, e seria de esperar que resistisse aos surpreendentes novos fenômenos que tanto diferiam do que lhe fora ensinado. Mas, embora fosse um pensador vigoroso, Born estava muito distante do nível de Einstein – e isso na realidade lhe conferiu uma vantagem, pois significava que não tinha investido tanto em suas realizações passadas quanto Einstein. As abordagens clássicas é que tinham sido tão tremendamente produtivas para este. Born, em contraposição, tinha menos a perder ao saltar para uma nova concepção.

Born e seus alunos sabiam que Isaac Newton tinha conseguido compreender a mecânica do mundo visível, de grande escala, que habitamos – de árvores, satélites e poderosas máquinas a vapor. Cabia aos físicos atuais, Born insistia agora, fazer o mesmo para o micromundo subjacente onde os novos e minúsculos saltos "quânticos" estavam tendo lugar. Essa nova ciência – se fosse possível criá-la – seria chamada mecânica quântica.

Um ano depois, em 1925, o mais brilhante dos assistentes de ensino de Born, um rapaz belo, louro e extremamente sensível de 24 anos chamado Werner Heisenberg, conseguiu resolver o problema de Born. Heisenberg tinha uma crença profunda no romantismo alemão; gostava de caminhar pelos morros da Alemanha na companhia de rapazes fortes e assistir sonhadoramente ao pôr do sol. Após vários meses de trabalho, sua inspiração convergiu numa intensa explosão uma noite na ilha de Helgoland, no mar do Norte, em cujas praias claras, varridas pelo vento, havia procurado escapar da rinite alérgica que o atacava no continente.

Heisenberg teve sucesso ao pôr de lado, inteiramente, qualquer tentativa de calcular exatamente como os elétrons num átomo estavam voando – se estavam traçando elipses, voando muito acima do "polo norte" do núcleo ou seguindo algum outro padrão. Ele sabia que Einstein, seu herói, havia alcançado grandes coisas na relatividade simplesmente olhando para o que podia medir de um evento – fosse ele despertar num elevador em queda ou ver um inócuo pedaço de metal rádio brilhar intensamente com pura energia –, sem tentar imaginar o tempo inteiro os detalhes de por que isso funcionava de tal maneira.

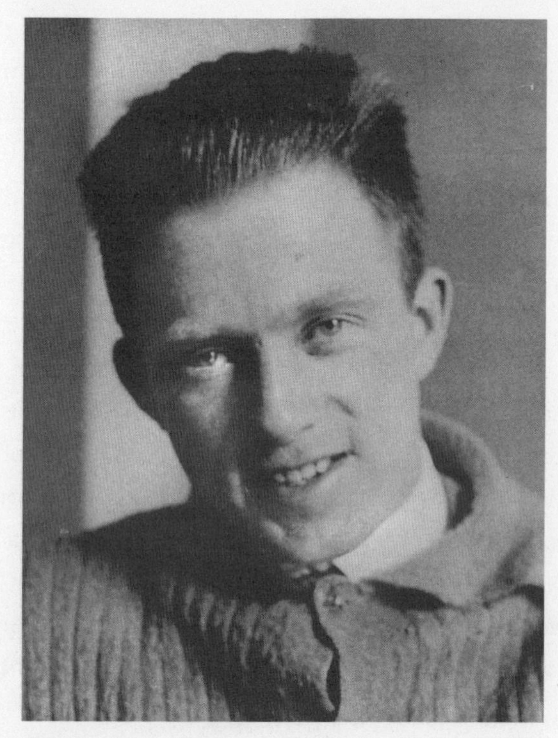

Werner Heisenberg, 1926, um ano após sua grande descoberta na ilha de Helgoland, castigada pelo vento

Agora, para seus próprios fins, Heisenberg fez listas do que investigadores podiam observar da luz que elétrons produziam sob diferentes circunstâncias. Essas observações mudavam quando os átomos dos quais os elétrons faziam parte eram bombardeados com luz ou estimulados de alguma outra maneira. Ele iria simplesmente registrar o que entrava e o que saía, e calcular as mais simples operações matemáticas para vincular uma coisa e outra.

Como uma analogia para o que Heisenberg estava tentando fazer, imagine tomar nota das roupas que um grande número de atores estava usando quando corriam para os camarins para se trocar entre os atos de uma das longas operetas tão populares na época em Berlim. A partir daí o objetivo era calcular como isso correspondia com as roupas que usavam ao sair de volta para o início do ato seguinte. Alguns padrões seriam claros. Observando-se a representação, podia-se ver que mulheres vestidas de princesas tendiam a aparecer como camponesas (se, por exemplo, o enredo estava se deslocando de um palácio para a zona rural). Uma análise desse tipo seria limitada, mas, na nova abordagem de Heisenberg, bastaria. Ninguém precisaria se dar o trabalho de tentar ver a correria de trocas individuais acontecendo nos camarins; a única coisa que seria medida era o que podíamos observar, aparecendo "de alguma maneira" de trás das cortinas.

Todo o processo de Heisenberg não foi muito diferente da abordagem que Einstein adotara em seu primeiro sistema de laser em 1916. Ali, um arranjo de fótons de luz entra, e um diferente sai. Podemos medi-los e ficar bons em prever como o primeiro levará ao último. O mesmo se passa com a analogia do teatro musical – e o mesmo se passou com os cálculos formais de Heisenberg em Helgoland em 1925. Ele podia tabular uma variedade de eventos possíveis dentro de um átomo e a partir disso calcular as linhas espectrais que eram vistas. Quanto ao que "realmente" acontecia dentro dos átomos para criar o resultado que víamos – quer fosse inerentemente incognoscível ou apenas complexo demais para compreendermos –, isso não era algo sobre o qual, nesse momento, ele iria especular.

Heisenberg realizara o que nenhum dos físicos mais velhos que trabalhavam sobre o problema tinha conseguido. Com a façanha de uma vida encontrando-se em notas espalhadas sobre sua mesa ("Eram quase três horas da madrugada … eu estava excitado demais para dormir"[5]), ele caminhou até o extremo sul de Helgoland, subiu numa rocha que se projetava no mar e – como Einstein e seus amigos tinham feito na montanha próxima de Berlim vinte anos antes – repousou ali para ver o sol nascer sobre o mar do Norte. A causalidade estrita havia triunfado no Ocidente durante quatrocentos anos. Agora, ao se limitar a medidas externas exatamente como pensava que Einstein tinha feito – presumindo que não lhe competia especular sobre o que se passava "dentro" –, ele dava uma guinada diferente. O trabalho de Heisenberg é considerado o nascimento da nova mecânica quântica.

Assim que voltou ao continente, Heisenberg contou a todos o que realizara. Contanto que não nos preocupássemos em acompanhar os detalhes finais dentro do átomo, explicou, era possível fazer previsões notavelmente precisas sobre a luz que espalharia. Desde o grande Isaac Newton no século XVII, a ciência se fundara na suposição de que, pelo menos em princípio, era possível encontrar clareza com relação a todos os processos que observamos. Heisenberg parecia estar dizendo que isso não era necessariamente verdade.

Max Born aceitou a nova abordagem, sobretudo porque os resultados de Heisenberg eram muito precisos. Einstein não a aceitou, mas, como era amigo de toda a família Born, teve de pisar em ovos. Escreveu para a mulher de Born, com deliberada ambiguidade: "Os conceitos Heisenberg-Born nos deixam a todos sem fôlego, e causaram uma profunda impressão."[6]

Einstein também foi ambíguo porque, embora fizesse objeção à maneira como Heisenberg parecia pôr a causalidade de lado, sabia que os físicos muitas vezes perdiam a oportunidade de fazer descobertas importantes quando estavam presos demais aos seus costumes. Em 1895, por exemplo, o alemão Wilhelm Röntgen tinha descrito o estranho fenômeno dos raios X e logo se provou que os físicos que se recusaram a aceitar a descoberta estavam errados. Mas é preciso ser crítico. Em 1903, um eminente físico francês descreveu o novo fenômeno igualmente estranho do que chamou de raios N; no entanto, menos de dois anos depois foi demonstrado que eles eram apenas uma falha experimental, e se provou que os físicos que *não* tinham resistido estavam errados. Einstein ainda não iria fazer uma declaração pública final sobre o trabalho de Heisenberg.

Os Born, por sua vez, suspeitavam que Einstein estava simplesmente sendo polido. Quando Max Born o sondou, Einstein explicou melhor em que acreditava: "A mecânica quântica é certamente impressionante. Mas uma voz interior me diz que ela ainda não é a coisa real."[7] Para um amigo mais chegado, foi ainda mais duro: "Heisenberg pôs um grande ovo quântico. Em Göttingen acreditam nele. Eu não."[8]

Logo Born teve de dizer a Heisenberg que Einstein não estava convencido – o que Heisenberg não pôde suportar. Seus amigos sabiam que, embora se esforçasse muito para dar a impressão de estar no controle de si mesmo, ele estava sempre à beira de perder as estribeiras quando se sentia estressado. Isso era especialmente perceptível quando começava a castigar o piano, tocando peças românticas com aterradora intensidade. Gostava de ser dominante, forte, triunfante. Seu insight dos átomos devia ser a façanha de uma vida. Agora o mais respeitado pensador no mundo estava dizendo que seu insight estava errado.

Talvez a solução, decidiu Heisenberg – mais ou menos como George Lemaître faria mais tarde – fosse falar diretamente com Einstein e elucidar tudo em pessoa.

16. A incerteza da era moderna

Heisenberg não fazia a menor ideia de quão profundamente Einstein se opunha à teoria que concebera naquela noite em Helgoland.

Para Einstein, probabilidades eram apenas um indício de lacunas em nossa compreensão. Eram consertos temporários que, quando a ciência se pusesse em dia, seriam substituídos por um entendimento mais claro. Afinal, a órbita de Urano havia sido um mistério até que os astrônomos do século XIX descobrissem como o invisível planeta Netuno o puxava. As infecções tinham sido um mistério até que microscópios e outras técnicas de laboratório se tornassem sofisticados o bastante para identificar micróbios.

Einstein acreditava que o que havia no mundo exterior à espera de ser descoberto, fosse o que fosse, não podia depender das idiossincrasias do observador ou de como ele viajava. Tivera pistas dessa realidade objetiva quando estava agradavelmente sentado com seu cachimbo e um livro nos cafés de Zurique, ignorando a agitada vida estudantil à sua volta, ou sentado de maneira igualmente agradável com um bloco e seu cachimbo em meio ao pandemônio de crianças pequenas e convidados no primeiro apartamento em que morara com Marić em Berna. Isso surgia mesmo no constante atordoamento com que vira sua grande fama após 1919. Os acontecimentos pareciam passar correndo por nós, confundir-nos, ser caóticos: linguagens, culturas, crianças e palavras. Mas essas coisas eram apenas aparências. Estudadas com suficiente atenção, eram sempre muito exatas, muito certas. Era por isso que se sentia orgulhoso, mas não surpreso, por ter descoberto as certezas da relatividade.

A mecânica quântica, no entanto, não se encaixava nessa visão de mundo.

Havia bons precedentes históricos para a perspectiva de Einstein. Um de seus maiores heróis era o filósofo judeu-holandês Spinoza, e embora ele tivesse vivido trezentos anos antes Einstein se consolava com o fato de que Spinoza, também, "estava convencido da dependência causal de todos os fenômenos, numa época em que o sucesso que acompanhava o esforço para alcançar [esse conhecimento] ainda era muito modesto".[1] Se tivesse podido viver por tempo suficiente, Spinoza teria visto nossa civilização tecnológica encontrar precisamente as ligações causais que havia imaginado estarem e ali e usá-las para criar nossas cidades, nossos trens e aviões.

Havia uma razão ainda mais profunda para que Einstein fosse tão apaixonado pelo conceito de causalidade. Ele não acreditava nos dogmas da religião revelada – não acreditava que houvesse uma força divina por trás das tábuas de Moisés no monte Sinai; não acreditava na ressurreição de nenhum rabino da Galileia, por mais sábio que fosse – mas isso está longe de significar que não fosse religioso. Ele pensava que ser ateu era presunçoso, e ficava assombrado com a inteligência manifestada em leis naturais.[2] "Esse sentimento é o princípio orientador da vida e do trabalho [de um cientista]", escreveu, "na medida em que consiga evitar os grilhões do desejo egoísta."[3]

Portanto o verdadeiro âmago da vida intelectual e espiritual de Einstein dependia da premissa de que toda a realidade subjacente era clara, exata, compreensível. Ele não acreditaria que o universo era fundamentalmente incognoscível.

Em nossa metáfora anterior de atores trocando de roupa num teatro, Heisenberg teria ficado convencido de que o que acontecia nos bastidores era inerentemente um borrão. Da perspectiva de Einstein, isso era um erro. Obviamente, cada ator tinha de estar trocando de roupa. Para nós, podia ser difícil ver, perscrutando em camarins mal iluminados, mas o fato de que todos saíam com roupas diferentes provava que isso tinha acontecido. Dava-se o mesmo, sentia Einstein, com a maneira como elétrons se moviam dentro de um átomo.

Tendo pouco conhecimento dos sentimentos mais profundos de Einstein, Heisenberg ainda pensava que o grande homem podia ser persuadido. No início de 1926, o jovem físico foi convidado a dar uma palestra em Berlim, e sabia que Einstein a assistiria. Em seguida os dois entraram numa discussão, e Einstein o convidou para ir à sua casa. Depois de trocarem amenidades – Einstein perguntando pelo professor favorito de Heisenberg, Arnold Sommerfeld, que conhecia bem –, Heisenberg mencionou o que o estava incomodando.

No trabalho de 1916 sobre luz atingindo átomos, salientou Heisenberg, Einstein não havia tentado descrever o que estava se passando dentro de átomos individuais. Havia descrito meramente o que entrava e depois o que saía. Heisenberg explicou que isso era exatamente o que estivera tentando fazer em sua grande descoberta noturna na ilha de Helgoland. Mesmo assim, Heisenberg recordou mais tarde, "para minha surpresa, Einstein não ficou satisfeito de maneira alguma com o argumento".[4]

"Talvez eu tenha usado essa filosofia anteriormente", respondeu-lhe Einstein, "mas, ainda assim, ela é um disparate." A questão do que era observável na relatividade era muito diferente do que era observável no micromundo, explicou. O que havia ocorrido em 1916 era apenas preliminar – um cálculo que explicaria o que era observado. Ele ainda acreditava que, sob tudo isso, elétrons realmente existiam, e se moviam de algumas maneiras claras. Tinha se limitado a descrições de dados de entrada/saída simplesmente porque, com a tecnologia de que dispunha, não havia meio de obter mais detalhes. No futuro, isso claramente melhoraria.

Einstein era muito franco com pessoas que conhecia bem. Sempre tinha sido. Durante uma estada no alojamento de seu sucessor na Universidade Alemã de Praga, Philipp Frank, que havia se tornado um grande amigo, Einstein certa vez corrigiu polidamente a tentativa inadequada da sra. Frank de fritar fígado na água, observando que gordura ou manteiga têm um ponto de fervura mais elevado, e por isso transmitiam calor de maneira mais efetiva. Desde então, a família passou a dizer que fritar carne em óleo era um exemplo da "teoria de Einstein". Em uma de suas conversas, Phillip Frank defendeu a mesma ideia que Heisenberg: não havia sido o próprio Einstein que difundira a abordagem de olhar apenas para os detalhes externos? Einstein respondeu, sardonicamente: "Uma boa piada não deve ser repetida demais."[5]

Para Michele Besso, Einstein manifestou ainda mais desdém pelas teorias de Heisenberg. As regras complexas de Heisenberg para transformar listas do que entrava num átomo em listas do que era observado saindo eram, afirmou ele, "uma verdadeira tabuada de multiplicar de bruxas ... Excessivamente engenhosas, e [no entanto], por causa de sua grande complexidade, a salvo de ser refutadas como incorretas".[6]

O rumor das objeções do augusto físico começou a se espalhar. Talvez Einstein estivesse certo. Heisenberg, afinal de contas, estava propondo uma mudança total naquilo em que todos acreditavam. E se a listagem de dados de entrada e saída que fizera em Helgoland fosse realmente apenas um truque temporário – um atalho computacional – para ser usado até que uma descrição melhor aparecesse?

No período durante o qual Heisenberg enfrentou Einstein pela primeira vez, a situação deu sinais de favorecer o cientista mais velho. Em janeiro de 1926, um gentil pesquisador austríaco, Erwin Schrödinger, havia publicado uma equação convencional, em estilo clássico, que, para muitos, não parecia mais exigir que os movimentos no interior de um átomo fossem relegados aos domínios dos mistérios invisíveis. Se estivesse correta, parecia que sua equação devolveria a mecânica quântica ao domínio estritamente causal da física que Newton e Einstein habitavam. Nesse caso, Schrödinger estaria solapando a insistência de Heisenberg de que apenas uma visão fundamentalmente nova – que nem sequer tentasse descrever o interior do átomo em termos nítidos, mecânicos – poderia ser acertada.

Heisenberg tentou contra-atacar. Mas, sempre que tentava levar a melhor sobre Schrödinger num debate, de alguma maneira ficava desconcertado. Schrödinger era mais de uma década mais velho do que ele e tinha uma superioridade e calma vienenses que o deixavam perplexo. (Também tinha uma vida pessoal que Heisenberg, com seu jeito de escoteiro, jamais

Erwin Schrödinger aproximadamente duas décadas
após sua grande descoberta de 1926

poderia compreender. Schrödinger havia obtido sua equação durante o Natal de 1925 num luxuoso resort alpino – acompanhado por uma das várias amantes com quem sua mulher ficava satisfeita por vê-lo viajar –, pondo delicadamente uma única pérola em cada uma de suas orelhas quando precisava de silêncio.[7])

Heisenberg tinha um dilema: se você fez uma grande descoberta e depois caiu em descrédito, o que faz em seguida? Em desespero, retornou à sua crença mais central. Estava sendo criticado por dizer que era um esforço inútil tentar traçar as trajetórias claras que elétrons seguem dentro de átomos. Bem, era isso que enfrentaria diretamente. Iria além de simplesmente afirmar que não era possível medir o comportamento desses elétrons; iria prová-lo.

Além de ser desdenhado por Einstein e constrangido por Schrödinger, Heisenberg tinha uma outra humilhação de seu passado que o motivava e o preparara particularmente bem para esse novo desafio. Em seus dias de estudante, sob a orientação de Sommerfeld em Munique, fora chamado para se submeter aos exames orais de seu Ph.D. – o passo final antes de obter o doutorado – na idade inaudita de 21 anos. Como Sommerfeld era o respeitado presidente do Departamento de Física e Heisenberg seu melhor aluno, todos supuseram que os exames orais seriam uma formalidade. Mas o corpo docente em Munique incluía também o idoso professor e pesquisador experimental Willy Wien. Heisenberg havia se matriculado para um curso com Wien pouco antes dos exames, mas faltara a quase todas as aulas. Nunca tinha gostado de trabalho experimental, estava empolgado com a formatura que se aproximava e, de todo modo, sabia que era mais inteligente que qualquer outra pessoa na universidade. Que mal poderia lhe fazer um inofensivo velho pesquisador experimental?

Wien reconhecia que não era mais tão respeitado quanto fora outrora, e tivera também uma vida muito mais dura que a de Heisenberg – sendo criado numa propriedade rural que seus pais tinham sido obrigados a vender após uma seca; abandonando repetidamente a escola. Ele também acreditava que a experimentação era a verdadeira base de todos os avanços na ciência. Sommerfeld, o teórico, tinha toda a glória agora, e Wien não podia atacá-lo – ele era poderoso demais. O aluno de Sommerfeld, no entanto, seria diferente.

Quando Heisenberg entrou na sala de seminários no Instituto de Física Teórica às cinco da tarde para seus exames orais, lá estava Wien, sentado ao lado de um agora ligeiramente apreensivo Sommerfeld. Wien começou o questionamento de maneira bastante branda, perguntando a Heisenberg como certo novo aparelho eletrônico de laboratório funcionava. Heisenberg não sabia. Sommerfeld tentou mudar o tema, levantando questões teóricas em que o conhecimento de matemática de Heisenberg lhe permitiria sair-se bem. Wien esperou que terminassem e em seguida voltou a suas polidas perguntas: poderia talvez o sr. Heisenberg lhe dizer agora como um circuito de rádio funcionava? Heisenberg tentou imaginar, mas se perdeu, pois esses eram detalhes que nunca tinha estudado. Depois Wien perguntou como um osciloscópio funcionava. Finalmente, perguntou: poderia Heisenberg ao menos lhe dizer como um microscópio comum funcionava?

Heisenberg saiu aos tropeços da sala de seminários duas horas mais tarde, o rosto corado, sem querer falar com ninguém. Disse ao pai que sua carreira na física estava terminada. Somente a intervenção de Sommerfeld – cuja nota máxima contrabalançou a de Wien, equivalente a um F de fracasso – permitiu-lhe obter o diploma.

Isso ocorrera em 1923. Agora, poucos anos depois, após se encontrar com Einstein em 1926, se havia uma coisa que Heisenberg repassara vezes sem conta era como calcular em que medida um microscópio podia ampliar o objeto para o qual era apontado, e como exatamente esse processo funcionava. Essa era a compreensão que usaria para mostrar que ninguém poderia jamais acompanhar as trajetórias detalhadas que um elétron tomava dentro de um átomo. Era também uma boa maneira de refutar Schrödinger: "Quanto mais penso sobre a porção física da teoria de Schrödinger, mais repulsiva ela me parece", confidenciou Heisenberg a seu amigo Wolfgang Pauli mais tarde em 1926.[8] E para seu mentor Bohr: "Tive a ideia de investigar a possibilidade de determinar a posição de uma partícula com a ajuda de um microscópio de raios gama."[9] Ele procedeu então como ninguém havia feito antes.

Se realmente queria ver um elétron, raciocinou Heisenberg, Einstein teria de projetar uma onda de luz ou alguma outra energia sobre o átomo para iluminá-lo em seu interior. Mas elétrons são pequenos. Se a explosão de luz fosse forte, acabaria por dominar o elétron, deslocando-o de sua posição. No entanto, se fosse fraco, o pulso de luz não poderia ser dirigido de maneira suficientemente precisa para permitir ver o pequenino elétron. É mais ou menos da mesma maneira como, por mais cuidadosamente que usemos um manômetro para medir a pressão do ar no pneu de um carro, estamos inevitavelmente deixando um pouco de ar escapar, de modo que o próprio ato de fazer a medida torna nossa leitura incorreta.

Heisenberg conseguiu provar que qualquer supermicroscópio teria de sofrer do mesmo problema: seria inútil para observar o elétron sem o influenciar. Se você obtém uma visão clara da posição de um elétron, acaba por tirá-lo do lugar com a luz que está usando para vê-lo, e assim não será capaz de distinguir exatamente em que direção ele vinha viajando. (Isso acontece porque pacotes individuais de luz carregam uma "intensidade" de momentum distinta quando viajam: ela é muito pequena, mas suficiente para "empurrar" um minúsculo elétron.) Mas, se você quiser ser suave o bastante para não o deslocar de onde ele está viajando, não terá claridade suficiente para ver ao certo onde ele começou. Você pode optar por medir ou onde o elétron está ou quão rápida e poderosamente ele está viajando, mas não ambas as coisas com plena precisão ao mesmo tempo. Estará sempre um pouco inseguro – incerto – sobre a mistura completa.

Essa é a base do famoso princípio da incerteza, que Heisenberg publicou em fevereiro de 1927. Ele era irrefutável. Pôs fim a séculos de crença de que o universo seguia uma ordem perfeita inerente. Revolucionou a física.

E Einstein não teria nada a ver com ele.

17. Discussão com o dinamarquês

A DISCORDÂNCIA ENTRE EINSTEIN e a maior parte dos outros físicos quânticos chegou a um ponto crítico pela primeira vez na conferência de Bruxelas em outubro de 1927. Foi a mesma reunião em que Lemaître encurralou Einstein por causa do lambda. Como se não lhe bastasse estar se defendendo de uma série de ideias desagradáveis, agora tinha duas – e uma luta iria, com o tempo, reforçar sua determinação na outra.

Se a reunião tivesse acontecido apenas um ano antes, Einstein teria desfrutado o apoio de muitos de seus colegas reunidos. Até aquele momento, muitos dos presentes haviam compartilhado suas reações iniciais às ideias de Heisenberg. Antes que o trabalho com um microscópio de raios gama imaginado por Heisenberg produzisse o princípio da incerteza no início de 1927, os físicos eram céticos com relação a suas teorias sobre o universo quântico. Como Einstein, ficaram impressionados ao ver quanto sucesso seus cálculos iniciais tinham tido ao explicar como elétrons reagiam a explosões de luz, mas não estavam convencidos de que a realidade pudesse ser tão obscura, tão vagamente montada, que no nível mais detalhado tivéssemos realmente de aceitar a incerteza para sempre.

Ao emergir em fevereiro de 1927, vários meses antes da conferência, no entanto, o princípio da incerteza roubou de Einstein muitos aliados potenciais. A maioria dos físicos concordou que o princípio parecia de fato mostrar que as observações do interior do átomo eram inerentemente vedadas. Heisenberg, eles admitiam, parecia ter tido razão – o que significava que Einstein (cujo desdém pelas teorias do cientista mais jovem devia ser do conhecimento de muitos de seus colegas) tinha de estar errado.

Einstein tinha sido convidado para abrir a conferência, pois todos queriam ver como lidaria com o novo desafio apresentado pelos teóricos quânticos, e como defenderia suas ideias tradicionais sobre causalidade. Mas ele declinou. Não estava em condições de dizer a todos os cientistas da Europa o que pensar – não ainda, e não da maneira magistral como fora capaz de expor os detalhes da relatividade geral. Seus sentimentos ainda eram um palpite, uma suspeita, uma crença quase visceral de que uma "voz interior" lhe dizia que essa não podia ser a maneira como o mundo funcionava.[1]

Assim Einstein passou as sessões de abertura polidamente sentado e observou quando Niels Bohr se levantou para se pronunciar sobre a questão. Agora na meia-idade, Bohr se tornara o líder da facção pró-Heisenberg. À medida que envelhecera, a estranha aparência que tivera quando jovem se tornara mais atraente. Seu hábito de falar lenta e suavemente, com longas pausas para reflexão, conferia solenidade a suas palavras.

Bohr começou a conferência recapitulando as mudanças que os cientistas da Europa – na época não havia praticamente nenhum de alguma expressão nos Estados Unidos – vinham experimentando. Desde o declínio da escolástica medieval, relatou, tinha havido pelo menos alguns esforços no Ocidente para aplicar a razão ao mundo material. Não se tratava de uma razão agrilhoada, predeterminada a chegar a conclusões que correspondessem ao que a Igreja queria ouvir. Ao contrário, essa era uma razão, uma investigação intelectual, que estava convencida de ser capaz de revelar todos os fatos da natureza, por mais laborioso que o processo pudesse ser e por mais séculos que ele pudesse demandar. Esse programa de investigação dava por certo que aquilo que estava lá fora, no mundo real, verdadeiramente existia e podia – tão detalhadamente quanto desejássemos – ser finalmente conhecido.

Essa certeza sobre o universo era o que essas novas descobertas pareciam estar solapando – na visão de Bohr, de maneira inteiramente definitiva. A causalidade de um tipo absoluto, clássico, não existia. Podíamos pensar que havia sequências exatas de eventos que deviam se seguir uns aos outros – chute uma bola de futebol com força, por exemplo, e ela saltará à frente –, mas isso só ocorre porque estamos vendo a média dos resultados de um vasto número de encontros submicroscópicos, cada um operando por acaso. Os elétrons na chuteira de um jogador chegavam muito perto dos elétrons da superfície de couro da bola de futebol quando ele movimenta a perna para a frente. Isso podemos ver; isso podemos saber. Mas quais desses elétrons vão se repelir uns aos outros, fazendo a bola voar longe, não pode nunca – nem mesmo em princípio – ser inteiramente conhecido.

O princípio da incerteza provava que essas ocorrências subatômicas eram incognoscíveis, insistiu Bohr. O micromundo era realmente diferente do mundo usual em grande escala a que estávamos acostumados. Em menor escala, caos e indeterminação governavam a maneira como os elétrons e outras partículas que compõem nossos corpos e planeta operavam. Não existia clareza no micronível.

Einstein passara a conhecer muito bem o desorganizadíssimo e brilhante Bohr com o passar dos anos. Em seu primeiro encontro, em Berlim, em 1920, Bohr havia levado consigo queijo e manteiga dinamarqueses, o que foi muito apreciado numa cidade que ainda sofria dos recentes bloqueios britânicos. Em outro encontro, em Copenhague, eles haviam ficado tão absortos numa conversa – grande parte da qual, sem dúvida, deve ter consistido em Einstein esperando enquanto Bohr fazia pausas para organizar seus intensos sussurros – que deixaram passar por um longo trecho a parada do bonde para a casa de Bohr, deram meia-volta e depois deixaram passar a parada na volta também. Eram ambos sábios em seu campo e também gostavam muito um do outro. "Não muitas vezes na vida um ser humano me causou tanta alegria por sua mera presença", escreveu Einstein certa vez para Bohr.[2] Ele não insultaria seu velho amigo zombando dessa que era a mais fundamental das novas crenças em público.

Somente fora das sessões principais, depois que Bohr havia feito seu pronunciamento público, Einstein começou a revidar.

Bohr tinha uma aparência indolente, e levava ainda mais tempo que Einstein para acender um cachimbo e manter o fumo queimando. (Carregava consigo uma caixa de fósforos extra para ajudar). Mas era comprometido com a física, e de certa maneira com a causa do "Professor Niels Bohr". Seus pais eram prósperos e eminentes, e, com a confiança de ter crescido com as relações de que desfrutavam, ele conseguira – apesar da aparência pesadona, era o mais hábil dos operadores burocráticos – que a Fundação Carlsberg financiasse um grande instituto de pesquisa sob sua direção em Copenhague. Por meio de bolsas de estudo, subvenções e publicações, esse instituto estava fazendo todo o possível para apoiar a visão que Bohr tinha dos resultados de Heisenberg e Born. Caso se provasse que ele estava errado, seria constrangedor. Em vez do líder de um novo grande avanço no pensamento, ele pareceria um professor de meia-idade que aderira à última onda simplesmente para parecer atualizado.

Ainda parecia possível, no entanto, que Einstein viesse a ser capaz de provar que Bohr estava errado. A única coisa que tinha de fazer era construir uma máquina que pudesse operar em contradição ao princípio da incerteza. Se fizesse isso, mostraria que o apoio de Bohr ao princípio da incerteza era vazio. A possibilidade de que Einstein pudesse levar isso a cabo era muito real. Ele era, afinal de contas, o homem cujos experimentos mentais sobre um elevador em queda tinham conduzido a previsões surpreendentes, mas inteiramente precisas sobre o desvio da luz estelar perto do Sol; que tinha, em 1916, como apenas um dos menores de seus outros experimentos mentais, concebido uma máquina que podia ampliar a luz quando necessário – a máquina que iria finalmente se tornar nosso laser. Quem poderia afirmar que não seria capaz de resolver esse quebra-cabeça também?

No entanto, Einstein, como Bohr, tinha muito em jogo. Aos 48 anos, sabia estar se aproximando do ponto em que os físicos passam de criar novas ideias a depreciar tudo que é novo. Tinha certamente estado na ponta receptora desse arranjo quando mais jovem. Toda a sua autodefinição dependia de não ser assim. Era um revolucionário. Pensava pensamentos independentes; ia aonde quer que a verdade levasse; não queria ser compelido pelo pesado estilo burguês do apartamento de Berlim em que morava com

Einstein e Bohr numa disposição reflexiva, provavelmente
na casa do amigo Ehrenfest, final dos anos 1920

Elsa, ou pelos alpinistas sociais amigos da mulher. Tinha feito seu próprio claro e arejado refúgio no sótão; usava suéteres frouxos e com frequência andava descalço pela casa, sem considerar se os visitantes achavam aquilo um comportamento displicente abaixo dele; era limitado unicamente pelo que compreendia como a verdadeira estrutura mínima do universo.

O que precisava era de uma construção bem-sucedida. Ela não precisaria nem sequer ser construída; seria suficiente que ele pudesse descrevê-la em palavras e mostrar a Bohr e Heisenberg que funcionava. Se pudesse fazer isso, estaria de volta ao lugar a que sabia pertencer – na vanguarda, consolidando a verdade, não tentando ansiosamente se agarrar ao passado simplesmente porque esse calhava de ser aquilo com que estava familiarizado. E sabia no mais íntimo de si mesmo que o universo tinha de ter causalidade em sua estrutura mais profunda; estava convencido disso. Como, então, demonstrar que isso era verdade?

Ajudava o fato de que ele era capaz de fazer quase qualquer aparelho mecânico funcionar. Tivera anos de experiência prática analisando os mais complexos aparelhos em seus dias no Departamento de Patentes. Essa seria sua abordagem aqui.

Heisenberg lembrou mais tarde como Einstein se preparou para lançar seu ataque. Eles estavam todos hospedados no mesmo hotel, contou, e Einstein tinha o hábito de falar para os outros no café da manhã sobre experimentos que inventara e que iriam, na sua opinião, solapar a mecânica quântica. Quando caminhavam juntos para a sala de conferência, Bohr, Einstein e Heisenberg começaram a analisar os pressupostos por trás da última proposta de Einstein. Segundo Heisenberg:

"Ao longo do dia, Bohr, [Wolfgang] Pauli e eu discutíamos frequentemente a proposta de Einstein, de modo que já na hora do jantar podíamos provar que seus experimentos mentais estavam em conformidade com as relações de incerteza, não podendo, portanto, ser usados para refutálas. Einstein admitia isso, mas na manhã seguinte levava para o café da manhã um novo experimento mental."[3] Cada vez, o novo experimento mental era mais complicado que o anterior, mas cada vez – na hora do jantar – os outros homens conseguiam invalidá-lo. "E assim isso continuou por vários dias."

Paul Ehrenfest, grande amigo de Einstein oriundo dos Países Baixos, também estava na conferência de 1927, e pouco depois falou para seus alunos sobre isso. Ele gostava de ouvir o diálogo entre Bohr e Einstein. Einstein "era como um jogador de xadrez", achava, inventando sempre novos exemplos. "Era uma máquina de moto-perpétuo, decidido a demolir a incerteza."[4] Mas havia também Bohr, que, "emergindo de uma nuvem de fumaça filosófica", se inclinava para a frente, matutando e matutando até que atinava com as ferramentas que podiam solapar os novos exemplos de Einstein. Algumas vezes, quando Einstein tinha tramado uma "demonstração" especialmente desconcertante de por que a mecânica quântica tinha de estar errada, Bohr mantinha Ehrenfest acordado quase a noite toda enquanto pensava em voz alta até encontrar o defeito.

A CONFERÊNCIA TERMINOU num empate. Einstein fora incapaz de encontrar um contraexemplo que refutaria Bohr, mas Bohr permaneceu temeroso de que essa nova teoria em que tanto apostara ainda pudesse ser solapada.

No caminho de volta para Berlim, Einstein consolou-se com o pensamento de que a discussão não fora simplesmente um confronto entre a juventude e a idade, com todos os jovens físicos do lado de Heisenberg e somente os velhos do seu. Ajudou-o o fato de ter compartilhado a primeira parte da viagem, para Paris, com Louis de Broglie, um circunspecto físico francês uma década mais jovem que ele, que havia feito um trabalho fundamental estabelecendo os princípios por trás da mecânica quântica, mas apesar disso alimentava as mesmas dúvidas que Einstein. De Broglie também estava convencido de que a explicação de Heisenberg era apenas um passo provisório e que de alguma maneira um núcleo de certeza seria finalmente encontrado sustentando tudo o que víamos. (De Broglie tinha razões pessoais para se sentir benevolente, pois Einstein lhe assegurara que sua tese de doutorado, em que expusera essas ideias, tinha sido aceita.)

Os resultados calculados a partir da mecânica quântica a que Heisenberg e outros tinham chegado eram muito precisos, tanto Einstein quanto De Broglie concordavam, mas Einstein repetia: "Acredito que a limitação a leis estatísticas será temporária."[5] Na plataforma da Gare du Nord em Paris, envolvidos numa dessas longas conversas que viajantes têm quando nenhum dos dois deseja que a viagem compartilhada termine, Einstein repetiu suas ideias. De Broglie concordou e, já quando se afastava, Einstein gritou-lhe: "Continue! Você está na pista certa!"[6]

Nos dois anos que se seguiram à conferência de 1927, no entanto, Einstein começou a ver que seu lado no debate quântico estava perdendo popularidade. Um número cada vez maior de demonstrações experimentais parecia mostrar que a mecânica quântica funcionava. O próprio De Broglie só resistiu até 1928 antes de aderir ao consenso de que Bohr, Heisenberg e os outros ao lado deles deviam estar certos. Isso estava se tornando uma tendência. O austríaco Erwin Schrödinger, que logo receberia o prêmio Nobel, foi um dos poucos cientistas a permanecer do lado de Einstein.

Em 1929, contudo, Einstein teve boas razões para se sentir mais confiante, apesar do apoio cada vez menor que recebia. Ele era genuinamente um homem modesto, que sabia que seus dotes intelectuais não eram tão extraordinários quanto o público em geral acreditava. Grossmann em Zurique, Born em Göttingen e muitos outros eram matemáticos mais fortes. Se ele, Einstein, tinha boas intuições físicas, era porque sua família o educara de uma maneira tão característica: de mente aberta o suficiente para ser crítico da opinião geralmente aceita, mas alicerçado na sólida realidade de lâmpadas, geradores elétricos e todos os demais aparelhos zumbidores de que a renda do pai e do tio dependia. Escondidas por trás de suas intuições podiam estar também as crenças religiosas apenas semiesquecidas de seus ancestrais, e especialmente a suposição de que devia haver uma ordem e certeza preparadas que, em momentos selecionados, éramos afortunados o bastante para ver. E a partir dessa mistura, de que havia sido meramente o feliz beneficiário, ele também sabia que *tinha* sido capaz de sondar além de aparências superficiais até princípios subjacentes que apenas muito mais tarde pesquisadores experimentais haviam verificado ser verdadeiros.

A equação $E=mc^2$ de Einstein era agora quase universalmente aceita.[7] Mas havia algo ainda melhor. Durante a conferência de 1927, e apesar das afirmações de Lemaître, ainda parecia provável para Einstein que a adição do lambda à sua outra grande equação fosse necessária: que os astrônomos tivessem razão e seu magnificamente puro G=T tivesse de ser descartado; que sua crença no poder da simples intuição estivesse errada. Mas exatamente naquele ano, em 1929, Hubble e Humason tinham publicado seu novo trabalho mostrando que, afinal de contas, a bela equação original de Einstein estava certa.

Para Einstein, as descobertas de Hubble e Humason mudaram tudo. O que eles haviam descoberto com seu grande telescópio de cem polegadas – que o termo lambda não era necessário – mostrava que sua intuição original estivera correta ali também – que o que ele tinha visto em 1915 sobre "coisas" alterando geometria, e geometria alterada guiando "coisas", tinha sido absolutamente 100% verdadeiro. Resultados experimentais – todas as suposições dos astrônomos do mundo – tinham parecido mostrar outra coisa, mas, se Einstein tivesse continuado a resistir, teria provado estar certo.

Claramente, acreditou ele, poderia continuar resistindo – e provar estar certo – mais uma vez. Antes já estava disposto a acreditar que o universo tinha de ser fundamentalmente cognoscível. Sua experiência com o lambda – mostrando que sua intuição inicial estava justificada – lhe fornecia um empurrão extra.

Reconhecidamente, havia um grande perigo nisso. O ensaísta inglês Thomas Babington Macaulay disse certa vez sobre si mesmo – de maneira precisa, se não modesta – que possuía um excelente estilo literário, mas este era próximo de um estilo realmente muito ruim. Isso significava, advertiu, que poucos de seus leitores deviam tentar imitá-lo, pois, se o fizessem de maneira mesmo um pouquinho errada, fracassariam inteiramente. Einstein estava correndo cada vez mais um risco semelhante. Avançar a partir de uma crença de que sua intuição estava certa era o que tinha feito dele o maior cientista da era moderna. No entanto, aferrar-se *apenas* a essa abordagem significava que sua autoconfiança podia transpor facilmente a linha para o puro dogmatismo. Mais ainda, ele estava menos coibido que nunca nessas questões. Durante seus anos de universitário em Zurique, tivera de ser receptivo à melhor sabedoria do passado, e durante os anos com Grossmann tivera de se submeter aos talentos matemáticos superiores de um amigo, mas agora se via livre dessas restrições – e mais do que um pouco sem peias.

A menos, é claro, que Einstein realmente estivesse certo. Ninguém sabia com certeza ainda.

Os MAIORES FÍSICOS do mundo só se reuniam em Bruxelas a intervalos de alguns anos. Como a conferência de 1927 terminara com um empate, quando a reunião seguinte chegou, em outubro de 1930, a atenção de todos estava sobre Einstein e Bohr. Eles eram os dois gigantes intelectuais de sua geração. Iriam entrar em conflito novamente, como na reunião anterior?

Einstein sabia que essa era sua última oportunidade para manter a comunidade dos físicos do seu lado, especialmente a geração jovem, com a qual se identificara por tanto tempo. No entanto, em 1930, como na conferência anterior, permaneceu em silêncio nas principais reuniões; mais uma vez só levaria suas objeções a Bohr na privacidade relativa fora daquelas sessões plenárias. Nesse meio-tempo, os dinamarqueses se inquietavam.

Bohr sabia que algo grande estava se aproximando, mas como podia se preparar? Simplesmente tinha de acreditar que a recém-desenvolvida ciência da mecânica quântica seria forte o suficiente para resistir a qualquer coisa. Heisenberg se preparou para o desafio também. Como grão-mestres do xadrez antes de uma partida, ele, Bohr e outros tinham tentado planejar cada defesa.

Einstein, também, devia ter passado um longo tempo se preparando, tirando baforadas do cachimbo em seu escritório em Berlim ou em sua casa de campo, pois o que arquitetou era tremendo.

No cerne da mecânica quântica estava o princípio da incerteza de Heisenberg, que parecia pôr um limite nos detalhes que podíamos ter esperança de ver no nível micro. Sem esses detalhes, nunca poderíamos estar certos, inteiramente, do que exatamente iria acontecer em seguida. Heisenberg tinha apresentado seu princípio dizendo que não se podia obter completa precisão ao medir o momentum e a posição de uma partícula ao mesmo tempo. Era, como diria o futuro ganhador do prêmio Nobel Wolfgang Pauli, como se pudéssemos ver o momentum de um objeto olhando com nosso olho esquerdo e sua localização com o direito, mas nos defrontaríamos com um borrão se tentássemos manter ambos os olhos abertos ao mesmo tempo.

Tentativas anteriores de contornar o princípio de Heisenberg tinham fracassado pela mesma razão por que tentativas de usar um manômetro para medir a pressão de um pneu são incapazes de fornecer leituras inteiramente precisas: o próprio ato de usar o manômetro deixa ar escapar, e assim altera a pressão dentro do pneu que estamos tentando medir. A nova ideia de Einstein era dar um passo atrás e ver o "pneu" de mais longe: não usando nenhum tipo de manômetro ou outro aparelho que o perturbaria.

A abordagem de Einstein era semelhante a simplesmente pesar o pneu, em vez de medir qualquer ar que saísse dele. Ele inventou uma maneira de fazer isso porque trabalhos recentes tinham mostrado também que o princípio de Heisenberg significava que era possível medir a energia de uma partícula ou o momento exato em que ela tinha essa energia, mas não as duas coisas ao mesmo tempo. Essa nova descoberta sobre o princípio da incerteza permitiu a Einstein montar o mais vigoroso ataque a ele até então.

Para seu novo experimento mental em Bruxelas, Einstein inventou um aparelho que teria deixado Herr Haller, seu antigo supervisor no Departamento de Patentes, orgulhoso. Depois que eles se puseram a andar, saindo das principais sessões da conferência, Einstein pediu a Bohr para imaginar uma caixa que tivesse uma fina nuvem de radiação – pense nisso como uma nuvem de partículas de luz, ou fótons – flutuando em seu interior. Há um pequenino obturador numa parede, controlado por um relógio muito preciso. Todo o aparelho está apoiado numa balança, de modo a poder ser pesado. Quando o relógio dá uma hora particular, o obturador se abre, um fóton é liberado e em seguida o obturador se fecha. A caixa é pesada antes e depois, e dessa maneira fica óbvio quanta massa foi perdida.

Fazendo isso, sabemos quanta energia esse fóton perdido carrega: a balança nos diz (porque massa e energia são equivalentes). Sabemos também que horas são quando o fóton escapa: o relógio nos diz. Isso era algo que nunca deveria ocorrer se o princípio da incerteza de Heisenberg fosse verdadeiro. Como o relógio não tem nenhuma ligação com a balança – diferentemente de um manômetro usado para medir a pressão de um pneu, em que a medida interfere com a precisão –, o argumento de Heisenberg é arruinado. A certeza é possível. O mundo clássico da causa e efeito está salvo.

Bohr sabia que raciocinava mais lentamente – embora mais profundamente – que a maioria dos outros. Mas estava acostumado a ter pelo menos um pressentimento de qual poderia ser a solução de um problema. Para a caixa cheia de luz de Einstein, no entanto, não pôde imaginar absolutamente nenhuma solução. O fóton escapa através do obturador. O relógio registra a hora. A balança se move. O relógio e a balança não estão próximos um do outro.

Como poderia isso ser conciliado com a incerteza de Heisenberg?

O experimento mental de Einstein deixou Bohr arrasado. Como um contemporâneo lembrou, "[Bohr] esteve extremamente infeliz durante toda a noite, andando de uma pessoa para outra, tentando convencê-las de que tudo isso não podia ser verdade ... Mas não conseguia pensar em nenhuma refutação. Nunca esquecerei da visão dos dois oponentes deixando o clube universitário: Einstein, uma figura majestosa, andando calmamente com um leve sorriso irônico, e Bohr caminhando depressa a seu lado, extremamente perturbado".[8]

Foi o último momento de glória de Einstein. Bohr passou quase toda a noite acordado – sem dúvida pressionando estudantes de pós-graduação ou qualquer outra pessoa que tivesse a má sorte de estar por perto a ajudá-lo –, enquanto resmungava, tentando encontrar uma solução. Heisenberg havia descrito anteriormente como Bohr, depois que se concentrava num problema, "não desistia, mesmo após horas de esforço".[9] Assim foi nesse caso.

De manhã, Bohr havia conseguido. Quando o obturador se abre e o fóton escapa, a massa da caixa baixa. Mas o peso da caixa está sendo medido. Isso significa que ela tem de estar sobre uma balança. Quando o fóton escapa, a balança se eleva – muito pouco, mas pelo menos um pouquinho. Isso significa que fica muito ligeiramente mais elevada no campo gravitacional da Terra. Pela teoria da relatividade do próprio Einstein, observa-se que o tempo opera em diferentes velocidades num campo gravitacional mais forte versus um mais fraco.

Einstein e Bohr na conferência de 1930 em Bruxelas, fotografados por Paul Ehrenfest, provavelmente no dia em que Einstein propôs seu experimento caixa + relógio, mas antes que Bohr o analisasse

Bohr esboçou os cálculos, e depois que todos que estavam hospedados no hotel viram para onde isso estava levando – Bohr, Heisenberg, provavelmente Ehrenfest e talvez outros – Einstein, honra lhe seja feita, os ajudou a preencher os detalhes. Trabalhando juntos, Einstein e Bohr concluíram que a incerteza na pesagem, em razão dessa pequenina mudança gravitacional, era o suficiente para corresponder exatamente ao que é previsto pelo princípio da incerteza de Heisenberg.

Einstein havia negligenciado sua própria teoria da relatividade – e Bohr a usara para refutar sua tentativa final de defender a causalidade. Foi um golpe esmagador, tornado ainda mais doloroso pelo fato de ter sido desferido pelo instrumento do próprio Einstein – e suas implicações não podiam ser mais claras. Em 1916, Einstein havia suposto que usar probabilidades para descrever como fótons operam dentro de um aparelho como seu proto-laser era apenas uma medida provisória que seria posta de lado depois que a ciência fosse adiante e nosso conhecimento aumentasse. Agora esse sonho terminara.

Heisenberg ficou exultante com o resultado. Quando viu o último bastião de Einstein desmoronar, escreveu: "Nós ... sabíamos que podíamos agora estar seguros de nosso terreno ... A nova interpretação da mecânica quântica não podia ser refutada tão simplesmente."[10]

Bohr era o mais humilde dos homens, mas o ponto essencial de seus polidos resmungos guturais era claro: ele vencera. Einstein perdera.

Interlúdio 4

Música e inevitabilidade

EINSTEIN NUNCA MAIS compareceu a uma reunião como aquela; nunca mais tentou refutar Bohr ou Heisenberg num debate público. Tampouco, porém, modificou suas crenças. Continuou convencido de que os pesquisadores experimentais do mundo estavam errados, suas descobertas eram incompletas.

Para seu consolo, voltou-se para a música, como sempre fizera. Einstein gostava de grande parte do repertório clássico, ainda que criticasse a maioria de seus compositores. "Sempre sinto", escreveu, "que Händel é bom – até perfeito –, mas tem certa superficialidade." Schubert fracassou no teste definitivo, também. "Schubert é um de meus favoritos por causa de sua capacidade superlativa de expressar emoção e de seus enormes poderes de invenção melódica", admitiu. "Mas em suas obras maiores fico perturbado por certa falta de forma arquitetônica."

As imperfeições se seguiam interminavelmente. "Schumann é atraente para mim em suas obras menores", escreveu, "por causa de sua originalidade e riqueza de sentimento, mas sua falta de grandeza formal impede meu pleno prazer ... Sinto que Debussy é delicadamente colorido, mas [também] mostra uma pobreza de estrutura." Em conclusão, escreveu, "não posso desenvolver um grande entusiasmo por algo desse tipo".

Como poderiam esses compositores excelentes sob outros aspectos ter perdido a unidade de grande escala que ele sabia poder ser encontrada? Somente Bach e Mozart tinham conseguido isso. Esses dois tinham algo que superava os outros. "É-me impossível dizer [qual deles] significa mais para mim", escreveu Einstein, mas o que sabia com certeza era que nenhum outro se lhes igualava. Teria sido possível esperar que Beethoven estivesse nesse patamar superior, por exemplo, mas, embora Einstein o considerasse poderoso, Beethoven era também "dramático demais, e pessoal demais". Havia em sua obra algo de arbitrário, pois emoções humanas dependem de nossos corpos e histórias pessoais. Mozart, no entanto, ia além do domínio das emoções pessoais, com uma música "tão pura que parece ter estado sempre presente no universo, à espera de ser descoberta pelo mestre". A obra de Mozart parecia mais "necessária", deixando-nos ver um domínio platônico de verdade que existe muito além dos eventos casuais da história de qualquer pessoa.

Einstein buscava na música de Bach e Mozart precisamente o que lhe escapara em outros aspectos. Em sua vida emocional, em seus casamentos, mais ainda em suas aventuras amorosas, ele não conseguira encontrar nada duradouro, nada certo. Seu fracasso o feria ainda mais porque seu sonho de certeza, e de contato com a verdade, ainda o obcecava.

Agora, em carta após carta, ele examinava as muitas maneiras pelas quais seu trabalho anterior havia provado aparentemente que seu belo sonho era válido. $E=mc^2$, de 1905, mostrava que havia certeza no universo, pois descrevia de maneira tão detalhada quanto se podia desejar exatamente como massa e energia podiam se transformar uma na outra. O incrível $G=T$ de sua equação de 1915 tinha sido igualmente claro. Massa fazia espaço se curvar. Espaço curvado conduzia massa adiante. Como podia haver algum acaso aleatório envolvido, uma vez que essa equação, também, era tão clara? Era impossível ignorar a cabal simplicidade de $G=T$. "Dificilmente alguém que a tenha verdadeiramente compreendido será capaz de escapar ao encanto dessa teoria", Einstein escrevera, exausto mas satisfeito, naquele inverno em Berlim logo depois de completar seu trabalho na equação. Ele mesmo continuava preso dentro de sua órbita.

É verdade que o próprio Einstein tinha questionado a simplicidade no coração de $G=T$ – durante os anos entre 1917 e 1929, quando persistiu o erro do lambda –, mas finalmente esse questionamento se provara desnecessário. Além disso, embora possa ter sido humilhado em Bruxelas em 1930, Einstein também se consolava com o fato de que seus contemporâneos tinham validado seu trabalho reiteradamente, de maneiras que corroboravam sua crença na certeza inerente do universo. Humason tinha medido galáxias distantes através do telescópio gigantesco nas montanhas da Califórnia e descoberto que bilhões de estrelas estavam se afastando rapidamente de nós. Não havia ambiguidade com relação a isso, e isso era exatamente o que o original e simples G=T previa. Esses reforços ajudam a explicar por que, quase uma década depois da conferência de 1930, Einstein ainda se sentia confortável dizendo a um assistente próximo: "Quando estou julgando uma teoria, pergunto a mim mesmo se, caso fosse Deus, teria arranjado o mundo dessa maneira."

A FÉ DE EINSTEIN em sua própria capacidade de julgar a arquitetura do universo era poderosa, mas também potencialmente perigosa. Quanto mais estima um grande homem obtém, mais fácil é para ele negar a realidade – assim como Einstein fazia agora, e de uma maneira que ele mesmo, quando mais jovem, teria reprovado.

Einstein havia uma vez desenhado para seu velho amigo Maurice Solovine – o entusiástico romeno que fora o primeiro a responder ao anúncio de aulas particulares de matemática e física que publicara em Berna em 1902 – uma imagem de como lhe parecia que a criatividade funcionava. Começamos com a realidade à nossa volta, escreveu ele: o mundo empírico, onde experimentamos nossas sensações ordinárias. Numa explosão de imaginação, pensadores podem ascender dessa base para princípios gerais mais elevados. Depois, para ter certeza de que esses princípios são verdadeiros, devemos elaborar proposições detalhadas que decorrem desses princípios e testá-los contra o mundo empírico.

Esse fora o procedimento que Einstein havia seguido com $E=mc^2$, cujas previsões – depois que as concebera no papel – ele propusera que fossem testadas com os sais de rádio que os Curie estavam usando em Paris. Fora esse procedimento que seguira com a relatividade geral também: um grande salto na imaginação – usando os experimentos mentais sobre o quarto em queda – para criar uma teoria abstrata, clara e então a partir disso deduzir conclusões detalhadas testáveis, como aquelas sobre a curvatura do espaço-tempo que Eddington havia verificado durante o eclipse de 1919.

Embora tenha escrito muitas vezes que isso ainda era correto, Einstein também expressava cada vez mais uma crença contrária. Como escreveu em 1938 para um antigo colega: "Comecei com um empirismo cético ... Mas o problema da gravitação me converteu em ... alguém que procura pela fonte confiável e manchada de tinta da Verdade na simplicidade matemática." À medida que seu trabalho avançava, Einstein cada vez mais ignorou sua abordagem inicial mais empírica. "[A teoria quântica] diz muito", escreveu ele, "mas não nos aproxima realmente em nenhum grau do segredo do 'Velho'. Eu, de qualquer maneira, estou convencido de que Ele não está jogando dados." Deus, ele tinha certeza, seguia um plano racional quando projetou o universo. Resultados experimentais não refutariam isso.

Aparentemente, nada na conferência de Bruxelas o havia feito mudar de ideia. Todo o seu sistema de crenças teria sido esmagado se isso tivesse ocorrido. Mas quando ele dizia "Deus não joga dados com o universo", Niels Bohr respondia, efetivamente: "Einstein, pare de dizer a Deus o que fazer!" Os dois homens tinham concepções inteiramente diferentes – não apenas sobre como o universo funcionava, mas também sobre sua própria capacidade de discernir suas funções divinas.

Apenas um deles podia estar certo.

PARTE VI

Atos finais

Einstein em Princeton, início dos anos 1950

18. Dispersões

Em 1950, vinte anos após a conferência final em Bruxelas, o instituto de Bohr em Copenhague estava no centro da pesquisa física no mundo. Apesar de sua vitória sobre Einstein em 1930, o destacado dinamarquês havia conseguido evitar a sedução do dogmatismo, e sua tolerância havia atraído algumas das mentes mais brilhantes. Jovens de Harvard, do Caltech e de Cambridge dirigiam-se entusiasticamente a Copenhague por um ano ou dois durante seus estudos de pós-graduação ou em seguida, de modo a participar da atmosfera empolgante e compartilhar ideias com o respeitado e abordável professor Bohr. Conversas com ele exigiam tanta concentração como sempre, pois o sotaque de Bohr raramente se afastava muito do dinamarquês, fosse qual fosse a língua que tentasse falar. Mas isso não importava. Os jovens inteligentes no instituto vinham de tantos países que descreviam alegremente o idioma oficial dali como "inglês macarrônico".

Bohr era um herói em seu próprio país. Após a deflagração da Segunda Guerra Mundial, ele mantivera o instituto operando durante os primeiros anos da ocupação alemã, permanecendo ali até 1943, antes de ser misteriosamente levado embora – transportado secretamente pela RAF a partir da Suécia – quando sua ascendência judaica e importância política tornaram perigoso demais para ele continuar no país por mais tempo. Excessivamente alto, e excessivamente educado, Bohr quase morreu durante o voo da RAF, pois foi escondido no compartimento destinado às bombas e esperava-se que falasse num microfone para avisar os pilotos se houvesse alguma coisa errada. Quando seu oxigênio falhou – a máscara não se encaixando em volta de sua cabeça –, seus murmúrios e arquejos polidos pareceram tão incompreensíveis quanto suas comunicações anteriores, e ele perdeu a consciência, só se restabelecendo quando os pilotos, compreendendo que era estranho haver tamanho silêncio, baixaram para uma atmosfera mais densa, onde havia oxigênio suficiente para manter Bohr vivo.

Levado para ajudar o Projeto Manhattan na construção de uma bomba atômica, Bohr tentou, embora sem sucesso, alertar tanto Churchill quanto Roosevelt para os perigos que essa arma criava. Sugeriu que deveria haver uma demonstração dela primeiro, ou arranjos estabelecidos para controle internacional, mas foi em vão. Quando os Estados Unidos soltaram as bombas sobre Hiroshima e Nagasaki nos últimos dias da guerra, era a primeira vez que se oferecia ao mundo uma exibição pública dessas máquinas terríveis – armas que haviam nascido, em última análise, das teorias de Einstein tanto quanto dos esforços práticos de Bohr e muitos outros.

Bohr sempre pensou, como disse certa vez, que devíamos ser tanto "espectadores quanto atores no grande drama da vida".[1] Com o apoio de sua atenciosa mulher, a abertura de sua personalidade e a segurança geral da Dinamarca, ele havia conseguido ser tanto um espectador quanto um participante – tanto na ciência quanto na política –, ao mesmo tempo que se mantinha em conformidade com os mais nobres ideais da Europa. Ele emergiu do conflito não somente ileso, mas mais forte do que nunca em sua reputação pública.

O físico alemão Werner Heisenberg, em contraposição, havia se desgraçado durante a guerra. Físicos mais viajados tinham algumas vezes caçoado dele por seus anos de perambulação pela zona rural com grupos de jovens exuberantes. Mas essas caminhadas não tinham sido tão inócuas quanto pareciam. Um número cada vez maior de seus participantes achava que essa era uma maneira de se aproximar do solo pátrio e ajudar a preservá-lo de forasteiros perigosos, como judeus e estrangeiros. Embora tenha tentado tomar o partido de alguns colegas que estavam sendo afastados de seus cargos acadêmicos por serem judeus, mais tarde Heisenberg claramente apreciou ser alçado a posições de comando dentro dos setores tecnocráticos do novo Estado nazista. Havia poucos novos grupos de pesquisa a dirigir, grandes orçamentos a controlar e visões de uma arma milagrosa que poderia assegurar o triunfo da Alemanha sobre seus inimigos para sempre.

Em certa altura durante a guerra, com oficiais da SS de paletó preto não muito longe, Heisenberg tinha até invadido o instituto de Bohr em Copenhague, explicando com muita segurança agora – naqueles primeiros dias, quando a Alemanha estava em ascensão – de que lado o futuro se situava. Bohr ainda estava lá, e ficou horrorizado. Ele já tinha começado a preparar o instituto contra depredações alemãs, inclusive escondendo os prêmios Nobel de ouro de dois membros judeus. (Pela lei alemã, o que pertencia a judeus podia ser furtado, e se os donos tentassem preservar suas posses, enviando as medalhas para o exterior, por exemplo, eles ou quem quer que os ajudasse podia ser preso e torturado de maneira plenamente legal.) De Hevesy, o engenhoso amigo de Bohr de seus dias em Manchester, agora em Copenhague, havia descoberto o esconderijo ideal. As lustrosas medalhas de ouro foram dissolvidas numa mistura de ácidos nítrico e hidroclórico, criando uma inócua lama marrom que ficou guardada no fundo de uma prateleira até o fim da guerra.

Esse era o Estado alemão que o empolgado Heisenberg representava agora com tanta satisfação. Sua genialidade ao criar o princípio da incerteza lhe dera respeito junto ao establishment nazista para fazer praticamente o que quisesse. Bohr não sabia que Heisenberg logo estaria matando escravas de trabalhar no campo de concentração de Sachsenhausen, obrigando-as a produzir pó tóxico de urânio para seus experimentos. Mas era um homem civilizado. E reconhecia agora, com repugnância, que Heisenberg, apesar de sua música, sua instrução, sua genialidade matemática, não era.

O ex-professor de Heisenberg, Max Born, sendo judeu, não conseguiu continuar trabalhando durante a guerra como seu discípulo; teve de fugir da Alemanha. Mesmo na época da conferência de 1930, os grupos de jovens que Heisenberg apreciava estavam ficando mais fortes, e, na tranquila cidade universitária de Göttingen, cerca de um terço dos adultos votou pelo Partido Nazista em eleições naquele ano. Um grupo de estudantes especialmente ativo começou a examinar registros batismais e municipais para ver que professores eram realmente judeus. Listas detalhadas foram redigidas, e *A influência judaica nas universidades alemãs, vol.1: Universidade de Göttingen* foi publicado. Apenas alguns anos mais tarde, listas como essa seriam usadas para extermínio.

A vida tornou-se impossível para Born, especialmente quando quase todos os seus colegas docentes lhe viraram as costas quando tentou obter seu apoio. Por fim ele acabou na Escócia, onde se tornou um benevolente professor de gerações de estudantes. (Sua filha, que se casou com um britânico e tomou o sobrenome dele, Newton-John, mais tarde se mudou para a Austrália, onde uma de suas próprias filhas, Olivia, alcançou extraordinário sucesso como cantora e atriz.) Foi uma boa coisa ele ter ido embora naquele momento, pois durante a ascensão do Estado nazista tornou-se claro que intelectuais e outros judeus proeminentes estavam sob particular ameaça.

Em 1933, quando Born ainda estava na Alemanha, Hitler ganhou efetivo controle do Reichstag, e o grande número de estudantes que apoiavam os nazistas podia espancar judeus com impunidade. As filhas de Born foram ameaçadas na rua. Depois, em 10 de maio – numa cena inimaginável desde a Idade Média –, em todo o país, inclusive as antigas cidades universitárias, grandes piras foram feitas com livros.

As maiores multidões para queimar livros reuniram-se em Berlim na Opernplatz, bem próximo da Ópera. Estudantes tinham enchido avidamente carroças com volumes arrancados de bibliotecas ou casas particulares. Goebbels, o ministro da Propaganda, chegou à meia-noite para iniciar um discurso transmitido para a toda a nação: "Homens e mulheres alemães! ... Fazeis bem nesta hora da meia-noite ao confiar às chamas o espírito maligno do passado!"[2] Os fotógrafos de Goebbels estavam a postos, prontos para captar as imagens que seriam mostradas por todo o país: a alegria diante das chamas, o júbilo da multidão. Bandos de estudantes de Göttingen haviam se envolvido em suas próprias queimas na mesma noite.

Os livros de Einstein tinham sido lançados às chamas com especial alegria, pois ele era o mais famoso de todos os intelectuais judeus e representava um espírito de liberalismo e investigação racional que era o oposto do que o novo Estado insistia ser certo. "A era do intelectualismo judaico chegou ao fim!", anunciou Goebbels à nação da Opernplatz de Berlim. Era fácil prever o que estava por vir.

NO FINAL DE 1932, o ano anterior ao comício na Opernplatz em que suas obras seriam queimadas, Einstein fora para sua casa de campo próxima a Berlim com Elsa – aquele lugar das aventuras amorosas que a haviam atormentado; das caminhadas amistosas, caças de cogumelo e jantares em família que ela amara. Agora eles estavam lá para reunir os papéis de Einstein, bem como os pertences mais importantes dela. O Caltech, em Pasadena, Califórnia, havia oferecido um cargo a ele, enquanto o novo Instituto de Estudos Avançados de Princeton, em Nova Jersey, parecia pronto a propor um melhor.

Elsa era boa em interpretar pessoas, mas sua intuição falhou com relação ao que estava acontecendo em seu país. Ela e Einstein tinham ido aos Estados Unidos antes, para visitas ou mesmo permanências mais longas, quando ele foi conferencista por vários meses. Desta vez seria certamente apenas a mesma coisa, não é?

Einstein sacudiu a cabeça. Ela compreendia muito pouco. "Olhe à sua volta", consta que ele teria dito. "É a última vez que você verá isto."[3]

Depois que Einstein e Elsa deixaram a casa, e depois das queimas de livros do ano seguinte, multidões a invadiram, saqueando todas as posses que o odiado professor deixara. Elsa só ficou sabendo disso mais tarde. Ela estava na Bélgica na época, sob proteção armada com o marido antes que partissem de navio para os Estados Unidos.

19. Isolamento em Princeton

Einstein passou o resto de sua vida, de 1933 a 1955, em Princeton, uma cidade universitária então muito diferente do refúgio sofisticado e igualitário que se tornou hoje. Poucos católicos, menos judeus ainda e nenhum negro tinham permissão para lecionar na universidade ou frequentá-la logo que Einstein chegou ali. O corpo docente se tinha em alta conta, muito embora para a maioria dos professores o prestígio que Princeton proporcionava não estivesse nem próximo daquele de que teriam gozado nas instituições genuinamente importantes da época – como aquelas em Zurique, Berlim ou Oxford –, que, ao contrário de Princeton, abrigavam os cientistas de primeira categoria que produziam trabalho essencial. As festas do professorado eram especialmente ridículas, e certos professores afetavam ares que mesmo os amigos socialites de Elsa teriam considerado excessivos: fazendo operários de Nova Jersey se vestir como lacaios de libré e inclinar-se quando serviam champanhe em belas bandejas. Escrevendo para um amigo na Bélgica, Einstein descreveu todo o cenário como "uma pitoresca e cerimoniosa aldeia de insignificantes semideuses, pavoneando-se sobre pernas duras".[1]

Os moradores comuns da cidade de Nova Jersey eram mais agradáveis. Quando a grande cantora negra americana Marian Anderson foi impedida de entrar numa hospedaria local, Einstein a convidou para se hospedar em sua casa e descobriu que, em vez de ser repelido, foi discretamente apoiado por vários vizinhos. Eles gostavam de ter esse europeu afável em seu meio. De fato, em seu primeiro dia em Princeton, Einstein entrou numa sorveteria e, sabendo que seu inglês quase incompreensível não o levaria longe, espetou um polegar na direção de um estudante com um intrigante recipiente para o sorvete, depois apontou para si mesmo. A garçonete que lhe serviu sua primeira casquinha de sorvete de baunilha declarou mais tarde aos repórteres que esse foi um dos pontos altos de sua vida. O fato de Einstein depois ter perambulado pela rua e comprado um jornal que descrevia como jornalistas americanos estavam em busca de notícias sobre seu paradeiro (ele fora levado num rebocador direto de seu navio a vapor transatlântico para um píer em Manhattan, depois conduzido rapidamente para Princeton para evitar publicidade nas principais docas de Manhattan) apenas aumentou seu charme.

Com o passar do tempo, Einstein dava aulas particulares de matemática para filhos de vizinhos; no Natal, saía para tocar seu violino com cantores natalinos; comprou um barco para férias – uma pequena embarcação de dezessete pés que batizou solenemente de *Tinnef* ("traste" em iídiche) –, e nele novamente se deixava carregar pelo vento, feliz da vida, por horas a fio. Ele e Elsa continuavam não muito apaixonados, mas fizeram uma vida compartilhada decorosa nesta terra de cobras voadoras. Quando teve problemas nos olhos e depois renais, ela escreveu para um amigo: "Ele tem ficado tão transtornado pela minha doença … nunca pensei que me amasse tanto. E isso me consola."[2]

Os confortos materiais eram agradáveis, também, pois mesmo em Berlim os Einstein nunca haviam tido uma geladeira elétrica. Aqui aparentemente todo mundo tinha uma. Era também – uma grande alegria – fácil aquecer água para o banho de espuma que ele apreciava de manhã. E com a Nova Jersey rural em volta deles, o preço dos dois ovos estrelados que ele gostava no café da manhã era excepcionalmente razoável. "Instalei-me esplendidamente aqui", escreveu Einstein para seu velho amigo Max Born. "Hiberno como um urso em sua caverna, realmente sinto-me mais em casa que nunca em toda a minha variada existência."[3]

Mas Einstein estava hibernando de outras maneiras também. Ali onde trilhara a delicada linha entre obstinação e flexibilidade, agora estava se tornando cada vez mais intolerante. Em sua concepção, é claro, não havia alternativa. "Ainda não acredito que o Senhor joga dados", observou ele, mesmo depois de vários anos nos Estados Unidos. "Porque, se ele quisesse fazer isso, o teria feito em toda parte, sem se ater a [nenhum] padrão. Teria feito isso da maneira mais completa possível. Em [tal] caso não teríamos de procurar leis de maneira alguma."[4]

Seus amigos na Europa lhe suplicavam para reconsiderar sua posição. Cada nova descoberta respaldava as interpretações subatômicas de Heisenberg e Born; não havia absolutamente nenhuma evidência a favor dele. A pesquisa indicava que cientistas podiam estudar o mundo em detalhes cada vez mais finos, mas não haveria nenhuma certeza, garantias ou determinismo em seu próprio âmago. Em vez disso, haveria um borrão intrínseco, uma incerteza – ações que pareciam impossíveis de nossa perspectiva de grande escala.

Einstein insistia que essas descobertas eram apenas temporárias e um dia seriam inevitavelmente anuladas. No entanto, ao se fechar para todos os dados corroboradores – que pareciam tão repugnantes à sua visão; os quais se sentia autorizado a ignorar por todo o interlúdio do lambda –, Einstein estava também se isolando da conexão intelectual que ainda buscava. Pois, por mais que o corpo docente de Princeton fosse apenas pomposo, havia vários pesquisadores com quem poderia ter feito trabalho sério, mais ou menos como Bohr estava fazendo em Copenhague.

A poucos quarteirões de distância do Instituto de Estudos Avançados de Einstein, por exemplo, no principal Departamento de Física de Princeton, estava sendo realizado um trabalho sobre o que mais tarde seria chamado de tunelamento quântico. Ponha um elétron em frente a uma parede, e, segundo a física tradicional, ele poderia oscilar um pouco por ali, mas afora isso iria teria de ficar praticamente em seu lugar. Com as descobertas codificadas no princípio da incerteza de Heisenberg, no entanto, para medir a velocidade do elétron é preciso que ele tenha uma localização indeterminada, pois qualquer medida tomada da velocidade de um elétron impede uma leitura precisa de sua localização. O que isso significa é que, embora ainda haja uma chance de que o elétron possa permanecer em frente à parede, há também uma chance de que, da próxima vez que você olhar, ele vá aparecer do outro lado da parede sem jamais ter passado através dela no caminho.

Se esses efeitos quânticos fossem perceptíveis em nossa existência usual, de grande escala, todos seriam capazes de andar através de paredes, fossem elas de tijolo, metal ou pedra. Finas paredes de aço seriam fáceis de atravessar, as paredes da estação ferroviária de King's Cross em Londres seriam um pouco mais difíceis, e ser teleportado através da montanha Matterhorn correndo em direção a suas laterais seria deixado apenas para os mais aventureiros. Nada disso seria uma questão de apenas forçar passagem através da barreira em jogo. Ao contrário, se as leis do tunelamento quântico se aplicassem nessa escala, primeiro você estaria em um lado da coisa, e em seguida, instantaneamente, apareceria do outro.

Pela intuição de Einstein, isso era impossível. No entanto, de acordo com os dados acumulados por pesquisadores que seguiam Heisenberg, Bohr e Born, isso era o que *de fato* acontecia em nosso mundo real. Os homens no Departamento de Física de Princeton que estavam compartilhando esse trabalho veneravam Einstein e teriam gostado imensamente de colaborar com ele. Seus estudos acabaram ajudando a conduzir à criação dos transistores que hoje operam dentro de nossos telefones e aparelhos eletrônicos. Mas Einstein não pôde se forçar a lidar com essas estranhas consequências da nova mecânica quântica. O tunelamento quântico – e a revolução dos transistores – avançou sem ele.

A HISTÓRIA PESSOAL de Einstein o tornara predisposto a descobrir a relatividade, mas não a aceitar a incerteza. E agora, como tantos indivíduos famosos – festejado, financeiramente livre, seus amigos mais antigos muito longe –, não havia nenhuma força instigando-o a reconsiderar.

Em vez disso, agora na casa dos cinquenta anos, Einstein passou a se concentrar cada vez mais no que chamava de sua teoria do campo unificado. Os grandes cientistas vitorianos tinham conseguido reunir grande parte do que era conhecido sobre energia no universo, fundindo esse conhecimento no conceito de conservação da energia, que sustentava que toda energia – quer fosse produzida numa explosão de gás ou pela batida da porta de um carro – estava conectada e não podia ser criada ou destruída, mas apenas transformada. Em 1905, com $E=mc^2$, Einstein tinha levado essa ideia mais adiante, mostrando que não apenas todas as formas de energia, mas também todas as formas de massa eram interligadas. Em 1915, com G=T, ele tinha mostrado que a própria geometria do espaço estava interligada com a massa e a energia contidas em todas as "coisas" também.

Einstein tinha feito o campo da física avançar mais do que qualquer outra pessoa na memória viva. Mas e se pudesse ir mais adiante e mostrar que o próprio eletromagnetismo era apenas mais um aspecto da gravidade e da geometria? Essa seria realmente uma façanha para o presente e o futuro e ajudaria a mostrar a seus críticos que ligações causais claras podiam ser encontradas entre uma série ainda maior de fenômenos.

Esse, pelo menos, era seu objetivo por trás da teoria do campo unificado, embora aqui mais uma vez sua teimosia trabalhasse contra ele.

Quando Einstein era um estudante de graduação em Zurique, seu professor Heinrich Weber dissera: "Você é um rapaz inteligente, Einstein, um rapaz muito inteligente. Mas tem um grande defeito: não permite que lhe digam nada."[5] Longe de ser um grande defeito, naquele tempo a teimosia de Einstein era uma força, pois Weber estava trancafiado na física de meados do século XIX, e Einstein precisava se revoltar contra professores como ele para alcançar grandeza. Agora, contudo, como um homem que envelhecia, o que havia começado como uma fraqueza – se tanto – se transformara em algo mais sério.

Ao permanecer afastado dos últimos achados da mecânica quântica, Einstein estava também se isolando dos grandes avanços da era no reconhecimento de novas partículas dentro do átomo. Para funcionar, qualquer teoria do campo unificado teria de incorporar essas descobertas; não tinha possibilidade de ter sucesso sem elas. Outrora, Einstein teria reconhecido isso; de fato, ele havia encerrado regularmente seus primeiros artigos com um apelo para que fossem julgados em conformidade com novas evidências experimentais. Agora, ele não apenas não solicitava experimentos para testar suas teorias, mas, com a teoria do campo unificado estando tão distante daquilo em que todos os pesquisadores estavam envolvidos, tal coisa não era sequer possível. Ele não estava reagindo a novos resultados de pesquisa; não estava propondo experimentos novos, detalhados. Seu sonho de uma teoria unificada estava se provando irrealizável.

A insistência de Einstein em sua própria trilha não era mais heroica autoconfiança; era realmente teimosia insensata. No entanto, com sua determinação obstinada, ele se ateve a ela, mês após mês, por quase vinte anos.

Seus esforços tornaram-se ainda mais sem sentido pelo fato de que, ao trabalhar tanto por conta própria agora – ou apenas com assistentes pós-graduandos inteligentes, mas completamente servis –, Einstein estava também se isolando de novas ferramentas analíticas. Um jovem visitante de seu escritório no segundo andar de casa viu que suas superfícies de trabalho estavam cheias de papéis ainda usando a notação que fora tão útil quando Grossmann lhe havia ensinado sobre ela na década de 1910. Nos anos 1940 e 1950, os físicos estavam usando formalismos muito diferentes para seu novo trabalho em física nuclear. No entanto, essas velhas ferramentas haviam operado tantas maravilhas para Einstein antes que ele não era capaz de abandoná-las.

Isso foi uma tragédia, porque o intelecto de Einstein continuava excepcionalmente poderoso. Vários anos depois de chegar a Princeton, quando deixou de lado brevemente seu trabalho na teoria do campo unificado e retornou à relatividade pura, ele aprofundou um magnífico construto chamado lentes gravitacionais, sugerindo que galáxias inteiras podiam distorcer tudo à volta delas de maneira tão forte que uma luz oriunda de galáxias ainda mais distantes atrás delas – luz que deveria ter sido bloqueada para sempre de nossa visão – podia realmente ser vista, pois o empenamento "arrastava" essa luz em toda a volta. A ideia era tão impactante que foi quase inteiramente ignorada.

Em meio a esses outros projetos, Einstein reuniu energia para montar um desafio final à sua *bête noire*, a teoria quântica. Em 1935, trabalhando com dois colegas mais jovens, tentou mais um artigo para mostrar que as previsões da mecânica quântica não podiam ser verdadeiras. No artigo, elaborou o conceito do que é agora chamado de emaranhamento quântico. Este observa que sob as regras aceitas da mecânica quântica, se uma partícula se fragmenta em, digamos, duas partículas que viajam muito velozmente e por uma distância muito longa – se uma acaba do outro lado do sistema solar ou além –, um experimento com uma estará correlacionado perfeitamente com certas propriedades da outra.

Na mente de Einstein, a bizarra noção de que partículas distantes podiam ser instantaneamente interconectadas demonstrava o que estava "errado" com o campo que Bohr, Heisenberg e os outros haviam inaugurado: claramente, essa extravagante implicação da teoria deles significava que a coisa toda era instável. Quando isso não convenceu a nova geração de cientistas a mudar suas concepções, ele desistiu. Era inútil discutir. Embora fosse continuar criticando a teoria quântica ocasionalmente, nunca mais montaria uma campanha conjunta contra ela.

O FILHO MAIS VELHO de Einstein, Hans Albert, mudou-se para os Estados Unidos em 1937. Qualquer tensão que tivesse existido alguma vez entre eles desaparecera havia muito, e Einstein o visitava com frequência na Carolina do Sul, onde Hans Albert trabalhava em engenharia hidráulica e estudava como sedimentos se acumulam em rios. Eles caminhavam pelas florestas e tagarelavam sobre a pesquisa acadêmica de Hans Albert. Einstein tinha a mente aberta com relação a ela, e, quando Hans Albert acabou se tornando professor em Berkeley, lembrou-se de seu pai ainda gostando de ouvir sobre novas invenções e enigmas matemáticos inteligentes. Se o assunto mudava para mecânica quântica, porém, Einstein se fechava; suas ideias estavam inteiramente estabelecidas.

Em certa altura em meados dos anos 1930, o isolamento de Einstein tivera uma chance de terminar. Ele tinha se mantido em contato com o físico austríaco Erwin Schrödinger, que, embora tivesse sido central para a revolução quântica, continuava sendo um dos muito poucos que compartilhavam as dúvidas de Einstein com relação a uma interpretação probabilística da mecânica quântica. Os dois homens compartilhavam também certa atitude boêmia em relação à vida. ("Era ruim o bastante ter uma esposa em Oxford", comentou o biógrafo de Schrödinger sobre o tempo que ele passou ali como professor visitante, "mas ter duas era horrível."[6]) Eles gostavam verdadeiramente um do outro. "Você é meu irmão mais chegado", Einstein lhe escreveu, "e seu cérebro funciona de maneira tão parecida com o meu."[7]

Schrödinger, de maneira abençoada, tinha até dado seguimento ao artigo que Einstein publicara em 1935 sobre mecânica quântica com um experimento mental destinado a mostrar quão absurdo era o emaranhamento quântico (uma expressão que o austríaco cunhou). Baseando-se em ideias compartilhadas com Einstein em cartas, Schrödinger propôs sua famosa situação hipotética em que um gato estava preso numa caixa lacrada com um frasquinho de veneno que seria liberado – ou não – dependendo de se uma substância radioativa em desintegração dentro da caixa soltasse uma única partícula. Havia uma chance de 50% de que o gato viesse a morrer, mas a única maneira de saber com certeza era abrir a caixa. Até que se fizesse isso, estava o gato vivo ou morto?

Conhecido atualmente coloquialmente como "experimento do Gato de Schrödinger", este argumento é usado hoje para ilustrar a natureza estranha, mas verdadeira, da mecânica quântica. Na época, contudo, foi considerado uma crítica a todo o sistema contra o qual Einstein havia clamado por tanto tempo. Num verdadeiro estilo einsteiniano, Schrödinger usara a imaginação para montar um vigoroso ataque à teoria quântica.

Einstein e Schrödinger estavam, portanto, predispostos a ser parceiros, e durante algum tempo pareceu que poderiam ter uma chance de colaborar mais estreitamente. Embora não fosse judeu, Schrödinger tivera uma relação tensa com os nazistas e deixara que todos na comunidade física soubessem que ficaria feliz em ser nomeado para um cargo em Princeton, situado em segurança do outro lado do Atlântico. Se isso tivesse acontecido, Schrödinger e Einstein certamente teriam se associado. O pensamento de Einstein sobre mecânica quântica poderia muito provavelmente ter sido clarificado, embora, dada a sua personalidade, seja improvável que sua atitude teria se abrandado tanto quanto a de Schrödinger finalmente o fez. Pois embora esteja longe de ser inteiramente aleatória – princípios como o da incerteza se aplicam de maneira muito precisa –, a mecânica quântica continua muito longe, em seu âmago, do determinismo que Einstein sempre insistiu que tinha de ser verdadeiro.

O que Einstein e Schrödinger poderiam ter realizado juntos jamais será conhecido, porém, pois o diretor do Instituto de Estudos Avançados havia nessa altura se voltado contra Einstein – embora não por alguma coisa relacionada com mecânica quântica. Flexner remunerava Einstein generosamente (não era à toa que a instituição era também conhecida como Instituto de Salários Avançados), mas tinha tentado com muito afinco manter sua atração principal sob controle.

Logo depois da chegada de Einstein, Flexner havia feito uma triagem das cartas que chegavam para ele, e em particular havia recusado um convite para que visitasse a Casa Branca por pensar que isso o distrairia de seu trabalho. Para Einstein, isso fora exasperante, não só porque detestava a ideia de ser tutelado (isso foi, escreveu ele numa de suas raras cartas rudes, uma "interferência ... que nenhuma pessoa que se respeite pode tolerar"),[8] mas também porque a intromissão do diretor estava constrangendo suas atividades numa área de particular importância para ele.

Einstein era um dos emigrados que mais se empenhavam na tentativa de arrancar refugiados do crescente poder nazista na Europa. Usava grande parte de sua renda para pagar vistos para famílias comuns; escrevia inúmeras cartas de recomendação para que professores comuns – não apenas a elite – pudessem conseguir empregos nos Estados Unidos; fazia campanha por mudanças na política que permitissem que mais de seus colegas imigrassem. A ideia de que lhe fora negada uma chance de defender sua causa nos níveis mais altos do governo dos Estados Unidos era intolerável.

Quando descobriu o que Flexner tinha feito, Einstein escreveu para o presidente Franklin D. Roosevelt e acabou jantando na Casa Branca no fim das contas. Roosevelt, como muitos americanos instruídos na época, falava alemão o suficiente para manter uma conversa na língua natal de Einstein. Além da situação europeia, eles conversaram sobre navegação, que ambos adoravam, e os Einstein pernoitaram na Casa Branca.

Einstein deixou Washington tendo feito avançar a causa de seus companheiros refugiados – mas tendo inadvertidamente arruinado também sua última grande chance de renovar sua reputação entre os colegas físicos. Flexner ficou tão ofendido por ter seu controle questionado que – sabendo quão importante Schrödinger podia ser para Einstein – bloqueou qualquer possibilidade da transferência que ambos os cientistas tanto desejavam. Schrödinger acabou em Dublin, onde permaneceria até o fim da vida de Einstein.

Mesmo no isolamento de Dublin nos anos 1930 – uma cidade relativamente pobre num novo país que estava se separando violentamente do Reino Unido –, Schrödinger fez o que Einstein não pôde. Admitiu efetivamente que havia apresentado seus melhores argumentos e que Bohr e os outros tinham respondido a todos eles – e por isso aceitaria que sua intuição estava errada. Pôs suas antigas ideias de lado e mudou para novas explorações da estrutura da vida – trabalho de tanta penetração que ajudou a desencadear a revolução na pesquisa do DNA que ocorreu dos anos 1940 em diante.

Esse era exatamente o tipo de mudança para um novo campo que tinha inspirado Einstein no passado e poderia tê-lo ajudado a reanimar sua carreira agora – se pelo menos ele tivesse sido capaz de admitir seu erro, ou de tirar a questão completamente da cabeça. Mas ele parecia incapaz de fazer qualquer das duas coisas. Sem o auxílio de Schrödinger e incapaz de montar uma ofensiva renovada e mais viável contra a teoria quântica, continuou a derivar para as margens da ciência.

Einstein sabia que estava sendo deixado de lado. Embora a imprensa popular relatasse seu trabalho com crédulo alvoroço, físicos em atividade o desprezavam, como num comentário do acerbo Wolfgang Pauli, escrevendo da Suíça: "Einstein saiu-se mais uma vez com um comentário público sobre mecânica quântica ... Como é bem sabido, cada vez que faz isso, é um desastre."[9] Outro físico no instituto em Princeton recordou que havia chegado a cientistas dali o rumor de que "seria melhor não trabalhar com Einstein".[10] A medida de sua marginalização tornou-se penosamente clara quando um artigo de sua autoria foi recusado pela *Physical Review*, uma revista americana aproximadamente equivalente à prestigiosa *Zeitschrift für Physik* da Alemanha. Einstein não era o tipo de homem de se apoiar em seu status, mas isso nunca lhe havia acontecido antes.

Ele fingia que fracassos e rejeições não importavam: "Sou geralmente encarado como uma espécie de objeto petrificado. Esse papel não me parece excessivamente desagradável, pois corresponde muito bem a meu temperamento."[11] Mas era difícil manter essa fachada inteiramente, e, em vez de suportar a humilhação de sua própria irrelevância, cada vez mais parecia que Einstein estava simplesmente perdendo a confiança no trabalho que outros estavam fazendo em física.

A indiferença de Einstein ficou patente quando, em 1939, o próprio Bohr passou dois meses em Princeton. Anteriormente, os dois homens tinham sido os mais próximos companheiros intelectuais. ("Não muitas vezes ... um ser humano me causou tanta alegria"), mas desta vez Einstein o evitou quase por completo: não comparecendo às palestras de Bohr, não acompanhando o dinamarquês nas caminhadas de que este tanto gostava, evitando até cafés departamentais quando os velhos amigos poderiam se encontrar. Quando Bohr de fato procurou entabular uma conversa com Einstein após um seminário, este falou apenas banalidades. "Bohr ficou profundamente infeliz com isso", lembrou um participante.[12]

Mas que escolha tinha Einstein? Eles eram homens da mesma geração, no entanto Bohr ainda estava no centro da pesquisa mundial. Einstein não. Evitar Bohr significava que Einstein podia manter sua dignidade.

Evitando Bohr, no entanto, ele estava também dando mais um passo rumo ao isolamento – isolamento de desenvolvimentos que poderiam ter feito deslanchar seu próprio trabalho sobre o campo unificado, caso estivesse disposto a lhes dar ouvidos. De maneira ainda mais sedutora, esses desenvolvimentos – se Einstein se envolvesse com eles – poderiam tê-lo levado a dar contribuições significativas à busca da verdade na mecânica quântica. Mas eles passaram por Einstein sem ser notados, como Einstein por eles.

20. O fim

EINSTEIN TENTOU FAZER uma vida boa para si mesmo fora de seu amado campo. Posou para escultores; fez amizade com o piedoso teólogo Martin Buber (descobrindo um prazer mútuo nas histórias de detetive de Ellery Queen); convidou a grande cantora Marian Anderson para se hospedar em sua casa sempre que estivesse em Princeton. Se estava sozinho, improvisava por longos períodos ao piano. Quando seu gato Tiger ficou deprimido por ter de ficar dentro de casa durante uma tempestade com raios, a secretária de Einstein gravou-o dizendo para o animal: "Eu sei o que está errado, meu caro amigo, mas não sei como desligá-lo."[1]

Elsa morreu em 1936, e Mileva Marić – que ele não via fazia muitos anos – em 1948, e cada perda foi um golpe maior do que ele previra. A morte de Marić foi especialmente trágica. Ela estivera levando uma vida digna em Zurique, sustentada pelo dinheiro de Einstein; dando aulas particulares de música e matemática – coisas que sempre amara – para estudantes. Mas o filho mais novo dos dois, Eduard, que continuara na Suíça, havia sido diagnosticado com esquizofrenia quando adulto jovem. Ele entrava e saía de instituições; em geral era pacífico e ficava contente em tocar piano de maneira sonhadora – uma das muitas semelhanças que tinha com o pai, segundo amigos da família observaram –, mas também experimentava episódios maníacos em que às vezes se tornava violento. Num desses momentos, Marić estava com Eduard e, possivelmente durante uma luta, desfaleceu. Três meses depois, ela morreu no hospital.

A irmã de Einstein, Maja, mudara-se para Princeton pouco antes da guerra, quando seu próprio casamento se desfizera. (A família Winteler, com quem Einstein se hospedara durante seu ano de recuperação no ensino secundário na Suíça, entrou aqui mais uma vez: a filha deles, Marie, fora sua primeira namorada, seu amigo Besso casara-se com outra filha, e Maja se casara com um dos filhos dos Winteler.) Nas horas que passava lendo para Maja, Einstein por vezes se voltava para *Dom Quixote*, mas com mais frequência para Dostoiévski, de cujas obras ambos gostavam, especialmente *Os irmãos Karamázov* e sua busca por compreender um Deus distante. Embora Ivan, um dos irmãos no livro, considerasse impossível conhecer o Criador ("Essas questões são inteiramente inadequadas para uma mente criada com uma ideia de apenas três dimensões"), Dostoiévski não pensava assim, e Einstein era fascinado pela convicção do autor.

Quando Maja morreu, em 1951, Einstein passou horas a fio sentado na varanda dos fundos de sua casa agora vazia. "Sinto mais falta dela do que se pode imaginar", disse à enteada Margot quando ela saiu para consolá-lo. Continuou sentado lá, no quente verão de Princeton, em certo momento apontando para o céu: "Olhe para a natureza", sussurrou, quase para si mesmo. "Então você compreenderá isso melhor."[2] A partir da relatividade especial, ele sabia que, de certas perspectivas no universo, o momento da morte da irmã ainda não ocorrera. Mas sabia também que essas eram localizações a que jamais teria acesso.

A IDADE ESTAVA PESANDO. Em 1952, jovens instrumentistas do Juilliard String Quartet foram visitar Einstein em sua casa, tocando para ele peças de Beethoven, Bartók e de um de seus compositores favoritos, Mozart. Quando o persuadiram a participar, ele sugeriu o Quinteto de Cordas em Sol Menor de Mozart, e tocaram juntos. Suas mãos estavam rígidas e sem prática, mas era uma peça que ele conhecia bem. Um dos músicos lembrou: "Einstein quase não consultava as notas na partitura ... Sua coordenação, entonação e concentração eram assombrosas."[3]

Dúvidas estavam tomando forma lentamente, também – escuridão se infiltrando pelos cantos da legendária visão interior do grande pensador. Às vezes ele ficava inseguro de que seus esforços por uma teoria do campo unificado fossem surtir efeito. Certa vez, escreveu que sentia como se estivesse "num dirigível em que se pode circular por toda parte nas nuvens, mas não se consegue ver claramente como é possível retornar à realidade, i.e., à

Terra".[4] Outra vez, admitiu para um assistente matemático que, embora pudesse elaborar novas ideias tão bem como sempre, às vezes temia que seu julgamento sobre o que valia a pena levar adiante estivesse declinando. Com mais frequência, porém, dizia a outros com um dar de ombros que estava convencido de que, no futuro, descobertas na ciência iriam alcançar seu trabalho teórico, tal como acontecera muitas vezes no passado. Afinal, Isaac Newton desconsiderara suas próprias apreensões com relação à ação instantânea da gravidade, e em consequência perdera a oportunidade de fazer a grande descoberta que o próprio Einstein levara a cabo em 1915. Os acontecimentos com o lambda haviam mostrado a Einstein o valor de esperar aquilo que estava convencido de ser certo. E agora, embora a teoria quântica descrevesse certos eventos com precisão, ele alimentava a esperança de que isso, também, pudesse ser apenas um passo intermediário em direção a uma física muito maior que seria descoberta no futuro.

No início de 1955, seu mais antigo amigo, o gentil Michele Besso, morreu. Fazia mais de meio século que Einstein dissera a Marić: "Gosto muito dele por causa de sua mente aguçada e sua simplicidade. Também gosto de Anna, e especialmente do garotinho deles." Agora esse garotinho, Vero, estava ele mesmo próximo dos sessenta anos. Einstein escreveu para ele e a irmã de Michele sobre o amigo recém-falecido, explicando o quanto o amara e admirara, e acrescentando: "A base de nossa amizade foi estabelecida em nossos anos de estudantes em Zurique, em que nos encontrávamos regularmente em serões musicais … Mais tarde o Departamento de Patentes nos reuniu. As conversas durante nossa caminhada juntos para casa tinham um encanto inesquecível."[5] Foi então que acrescentou a observação que vimos antes: "Agora ele me precedeu brevemente em sua partida deste estranho mundo. Isto não significa nada. Para aqueles de nós que acreditam na física, a distinção entre passado, presente e futuro é apenas uma ilusão, por mais tenaz que essa ilusão possa ser."

Nessa altura, Einstein tinha 75 anos e estava ele mesmo doente, com uma das grandes artérias do coração inchando-se num aneurisma que, como os médicos explicaram, iria rebentar a qualquer momento. Havia a possibilidade de uma operação, mas a ciência médica ainda era deficiente nessa área e não havia nenhuma garantia de que o procedimento – caso Einstein sobrevivesse a ele – iria curá-lo.

Em vez de arriscar uma operação, Einstein decidiu continuar com seu trabalho na teoria do campo unificado, bem como a dar declarações públicas advertindo que armamentos nucleares irrestritos podiam destruir toda a vida humana sobre a Terra. Tentava ser estoico. "Pensar com medo sobre o fim da própria vida é algo bastante geral entre seres humanos", admitiu. "O medo é estúpido, mas não pode ser evitado."[6] Estava ansioso com relação à sua enfermidade, e sem dúvida se perguntava se a ciência, afinal de contas, justificaria seus esforços isolados.

No início de abril de 1955, a doença cardíaca de Einstein agravou-se. Seus médicos explicaram que o aneurisma estava se rasgando. O processo seria lento de início, depois se aceleraria subitamente. Voltou-se a falar sobre uma operação, mas Einstein foi firme: "É de mau gosto prolongar a vida artificialmente. Fiz minha parte."[7] Perguntou aos médicos, porém, o que iria experimentar – quão "horrível" a dor seria –, mas eles não puderam lhe dizer nada com certeza. Uma injeção de morfina ajudava ligeiramente.

Na sexta-feira, 15 de abril, ele estava em tal sofrimento que foi levado para o Princeton Hospital. Quando sua enteada Margot chegou, mal o reconheceu: pálido, com o rosto contorcido de dor. Apesar disso, "sua personalidade era a mesma de sempre", ela recordou. "Ele brincou comigo … e esperou seu fim como um fenômeno natural iminente."[8] Seu filho mais velho chegou de avião de Berkeley, onde trabalhava agora como professor de engenharia. Conversando com Hans Albert, Einstein aludiu às suas equações – que foram mais um esforço de criar uma teoria do campo unificado para reunir todas as forças conhecidas de uma maneira clara, previsível. Ironicamente, disse: "Se pelo menos eu tivesse mais matemática."[9]

Logo se sentiu um pouco melhor e chegou até a pedir seus óculos, bem como um lápis e seus papéis, para trabalhar nesses cálculos mais um pouco. Mas então, no início da manhã de segunda-feira, 18 de abril, o aneurisma estourou.

Einstein estava sozinho, tendo sangrado até a morte muito rapidamente. Chamou uma enfermeira, e quando ela chegou, sussurrou-lhe alguma coisa. Mas ela não falava nada de alemão, e por isso não fez ideia do que o ancião lhe disse antes de morrer.

Epílogo

UM DIA POR VOLTA DE 1904, quando o filho de Michele Besso, Vero, era menino, um amigo de seu pai fez para ele uma esplêndida pipa. Em seguida os três caminharam para o campo, na direção de uma pequena montanha ao sul de Berna, levando a pipa consigo. No pé da montanha, um dos adultos soltou a pipa e, depois que ela estava planando, pôs a linha na mão do menino.

Vero se lembraria claramente desse amigo da família em anos posteriores, pois o homem "estava sempre de bom humor, era divertido e alegre, e acima de tudo sabia muitas coisas".[1] Em particular, nunca esqueceu como, nesse dia, quando a pipa pairava no ar, o homem que a fizera – sr. Einstein – foi capaz de lhe explicar *como* ela voava.

Einstein era um homem de insaciável curiosidade e grande bondade. Como qualquer pessoa, tinha seus defeitos, e durante o curso de sua vida eles foram ampliados por suas enormes realizações. Mas seu impulso subjacente era puro. Se o fim de sua carreira foi trágico, isso aconteceu apenas porque ele ficou preso em lições errôneas de seu passado.

Ele tinha sonhado em ser redimido pela história no tocante à mecânica quântica, mas aconteceu exatamente o contrário. Nas décadas de 1950 e 1960, pesquisadores desenvolveram maneiras de testar a crença de Einstein de que a mecânica quântica era apenas um passo temporário para uma teoria futura mais certa, que se livraria da aleatoriedade que ele abominava e forneceria uma explicação mais lógica, ordenada, de como o universo funciona. Quando esses testes foram realizados nos anos 1980, contudo, eles confirmaram que Heisenberg, Bohr e os outros estavam certos: o princípio da incerteza é sólido e confiável. O mundo não opera da maneira determinista que Einstein acreditava. A única coisa certa, pelo menos nos níveis atômico e subatômico, é certo grau de aleatoriedade.

Com o tempo, alguns dos esforços do próprio Einstein para refutar a teoria quântica seriam voltados contra ele. Até o artigo de que foi coautor em 1935, mostrando que a mecânica quântica permitiria que partículas distantes fossem "milagrosamente" emaranhadas, apenas fortaleceu a concepção aceita atualmente. Essas partículas emaranhadas foram de fato criadas e estão sendo usadas nas primeiras gerações de computadores quânticos que estão sendo construídos hoje, no século XXI.

Numa vasta série de campos importantes, no entanto, a abordagem e as descobertas de Einstein foram tão completamente aceitas que em geral nem sequer são reconhecidas como vindo dele: simplesmente "são". Nossa compreensão fundamental de fótons, de lasers, da física de baixas temperaturas e, é claro, da relatividade originam-se diretamente dos artigos que escreveu em Berna, Zurique e Berlim. Coletivamente, essas façanhas só encontram rival nas de Newton em seu impacto sobre nossas vidas e na maneira como aprofundaram nossa compreensão do cosmo.

Embora a abordagem particular de Einstein à busca de uma teoria do campo unificado tenha fracassado, muitos pesquisadores em gerações subsequentes foram inspirados por saber que a maior mente do mundo dedicou tantos anos a essa busca. A procura infrutífera de Einstein foi, por exemplo, o que ajudou a inspirar o físico Steven Weinberg e outros em seu bem-sucedido trabalho de unificação do eletromagnetismo com a força fraca que opera dentro do átomo, façanha pela qual foram contemplados com o prêmio Nobel.

Com a relatividade geral, que foi simbolizada como G=T neste livro, o trabalho de Einstein está associado a algumas das mais impressionantes descobertas dos tempos modernos. Seus insights sobre lentes gravitacionais mostram de fato que, quando olhamos para aglomerados distantes de galáxias, deveríamos ser capazes de ver pelo menos alguma coisa do que está atrás deles. Esse desvio da luz foi exatamente o que Eddington mediu nas fotografias que fez em 1919 da luz se curvando perto do Sol.

Quanto mais massa houver nesses aglomerados, mais o espaço em torno deles se curvará, e mais poderosa essa lente distante será. Hoje isso nos ajuda a estimar quanta massa há nesses aglomerados galácticos – em palavras informais, a "pesá-los". Os resultados foram surpreendentes, e isso ajudou a mostrar que o que supúnhamos encher o universo – estrelas, planetas e coisas semelhantes – é somente uma pequena parte da massa completa que esses aglomerados contêm. A maior parte do que existe no universo é inteiramente invisível para nós, e não sabemos do que ela se compõe. Essa "substância" invisível que o trabalho de Einstein nos permitiu descobrir é chamada de matéria escura e é um importante tópico de pesquisa.

Nem tudo com relação a G=T funcionou tão eficientemente, contudo. Quando se trata do lambda, a maior das ironias surgiu. Einstein sentira-se relutante em inserir esse termo extra em sua notável equação de 1915, apesar de sua eficácia em fornecer uma repulsão que empurrava contra a gravidade. Ele ficou encantado quando Hubble e Humason, em 1929, pareceram mostrar que o universo estava se expandindo numa velocidade constante, e nenhum termo lambda como aquele era necessário. Mas, a partir dos anos 1990, novas descobertas começaram a sugerir que, inadvertidamente, Einstein poderia ter estado certo afinal de contas quando introduziu o lambda.[2] O universo está não somente se espalhando para fora, mas alguma coisa o está impelindo a se expandir numa velocidade cada vez maior. Essa enorme força de repulsão foi rotulada de energia escura e é exatamente o que um termo lambda revisado iria justificar. Se isso se sustentar, significaria que, em certa medida, o que Einstein considerou ter sido seu engano não foi, de fato, um erro – e toda a teimosia que decorreu disso foi desnecessária. A pesquisa sobre uma nova constante cosmológica, reformada, é atualmente de grande interesse, por causa de suas implicações para o trabalho de Einstein e sua conexão com novos e florescentes subcampos da física.

Estas são descobertas que nos tornam menos arrogantes. Tudo que vemos e pensávamos saber – todos os continentes e oceanos na Terra; todos os planetas e estrelas além – compõe apenas uma pequena parte do universo. Matéria escura compõe talvez 25% de tudo que existe; energia escura, talvez 70%. Todo o mundo que conhecemos não passa de um pequeno fragmento de 5%, surfando numa imensidão invisível. O componente de energia escura é o que requer um termo lambda, afinal de contas, modificando o grande trabalho de Einstein de 1915. A matéria escura é diferente, e em grande medida pode ser vista como apenas mais um pouco de "massa" a acrescentar a suas equações ainda válidas sob os demais aspectos.

O próprio Einstein ponderou em que medida a vastidão do universo pode ser percebida pela mente humana. Em 1914, ele escreveu para seu amigo Heinrich Zangger: "A natureza só está nos mostrando a cauda do leão. Mas não tenho nenhuma dúvida de que o leão pertence a ela, ainda que, por causa de seu tamanho colossal, ele não possa se revelar diretamente ao observador." É difícil perceber a verdade subjacente. Mas talvez um dia outro gênio como Einstein – desta vez evitando o erro da arrogância – vá nos mostrar o próprio mastodonte.

Apêndice

Guia do leigo para a relatividade

Neste apêndice você pode se aprofundar um pouco mais na maneira como a relatividade funciona. Se preferir saltá-lo não há problema, o livro dá conta do recado perfeitamente bem. E se quiser seguir adiante, vai encontrar um download de 22 mil palavras em davidbodanis.com que o levará ainda mais longe.

Por que o tempo se curva: o caso de King Kong

A ideia de que não é apenas o espaço que se curva, mas também o tempo, foi apropriadamente desenvolvida pela primeira vez por um dos ex-professores de Einstein, Herman Minkowski, numa palestra em Colônia, Alemanha, em 1908. Ele estivera pensando sobre o trabalho de Einstein de 1905 e percebeu que "a apresentação de Einstein [da relatividade especial] é matematicamente desajeitada – posso dizer isto porque ele obteve sua educação matemática em Zurique de mim".[1]

Para ampliar o trabalho de Einstein, Minkowski começou expondo uma imagem em que o espaço era imaginado como um plano horizontal, e o tempo como um eixo vertical salientando-se a partir dele. Podemos pensar nisso como uma grande mesa com um fuso ou um castiçal elevando-se a partir dela no meio. Todos estavam acostumados a ver os dois domínios como separados, mas era isso que Minkowski queria mudar. Fazia sentido para ele, pois "os objetos de nossa percepção incluem invariavelmente lugares e tempos em combinação. Ninguém jamais percebeu um lugar exceto num momento, ou um momento exceto num lugar".[2]

Seria melhor, declarou Minkowski, não falar de localizações comuns mais um tempo separado, mas sim de uma única coisa unitária chamada "evento". Para descrever o "espaço-tempo" misto dentro do qual todos os eventos possíveis se encaixam, precisaríamos apenas fazer listas de quatro números.

Isto soa abstrato, mas é algo que fazemos o tempo todo. Suponha que seu bisavô estivesse passeando em Nova York num frio anoitecer na primavera de 1933 e visse uma grande e peluda criatura no topo do Empire State Building, a 426 metros de altura. Ele quer alertar a imprensa. Depois de encontrar um telefone e ligar para o *New York Herald Tribune*, poderia dizer: "Está... está... no topo do Empire State Building e, ó Deus, eu o vejo agora mesmo!" Mas se ele e o repórter do *Herald Tribune* ambos compreendessem a taquigrafia simbólica de Minkowski, ele poderia dizer mais rapidamente: "5ª Avenida, Rua 33, 426 metros, 20h30!" Se ambos compreendessem o sistema de grade de Manhattan, ele poderia ser ainda mais rápido, dizendo simplesmente: "5, 33, 426, 20h30!" Os fotógrafos do jornal saberiam exatamente para onde se dirigir: a esquina da 5ª Avenida com rua 33, no topo do prédio de 426 metros de altura, onde, pelo menos às 20h30, o maior residente da cidade podia ser encontrado.

Mas imagine que King Kong é avesso à publicidade e lança uma tirolesa através do centro de Manhattan até o alto do brilhante e atraente Chrysler Building. Atriz loura na mão, ele começa a deslizar rumo ao refúgio mais seguro. Se seu bisavô ainda estivesse observando e tivesse o telefone, poderia informar a seu contato no *Trib* as novas coordenadas em mutação. Cinco segundos após o início da jornada deslizante, ele poderia exclamar: "5, 35, 420, 8h30min5seg"; cinco segundos mais tarde, poderia ser: "5, 36, 408, 8h30min10seg"; e assim por diante. Os números continuariam clicando até que a dupla chegasse ao topo do ligeiramente mais baixo Chrysler Building na rua 42.

Era isso que Minkowski tinha em mente quando disse que cada evento distinto – cada localização distinta no espaço e tempo – pode ser identificado por um agrupamento de quatro números. A listagem de todos os eventos possíveis no universo produziria um livro enorme, em que todos os cenários para a história passada ou futura estão escritos. Em sua palestra de 1908, Minkowski brincou com o grau de atrevimento dessa tarefa: "Com este bravíssimo pedaço de giz eu poderia projetar [todas essas localizações] sobre o quadro-negro."[3] É precisamente o que muitas religiões imaginam que seu Deus é capaz de fazer. Mas isso não o impediu de observar que era assim que isso poderia ser feito.

Agora quanto à grande questão. Aquilo que acontece com os três primeiros números – aqueles que descrevem a localização no espaço – tem de estar ligado com o quarto número, aquele que descreve a localização no tempo? Se tiver, então o espaço não estará separado do tempo, mas cada um terá de ser introduzido para localizar completamente o que está acontecendo.

Para responder a isso, Minkowski considerou como calcular distâncias entre dois eventos quaisquer. Para seu bisavô, a distância entre o evento inicial, em que Kong está no alto do Empire State Building, e o segundo evento, em que Kong pousou no alto do Chrystler Building, noventa metros mais baixo, seria algo como "três avenidas, oito ruas, noventa metros, dois minutos". Mas lembre-se de que o tempo passa em velocidades diferentes para os objetos que estão se movendo relativamente a você. Isso é decisivo. Kong não passa por seu seu avô de maneira especialmente rápida quando desliza sobre Manhattan, mas ele mesmo vai experimentar um tempo de viagem que é apenas muito ligeiramente menor que os dois minutos completos que seu bisavô vê.

(Por que o tempo varia assim? Bem, suponha que você esteja vendo uma amiga fazendo uma bola quicar para cima e para baixo num carro estacionário perto de você. Claramente você e ela vão concordar com relação à distância que a bola percorreu. Agora, no entanto, suponha que ela comece a dirigir o carro enquanto você permanece na beira da estrada. Ela verá a bola que está fazendo quicar continuar a ir direto para cima e para baixo a seu lado. Você a verá fazer um trajeto mais longo à medida que o carro se desloca para a frente.

(Agora suponha que não é uma bola que ela está fazendo quicar, mas um feixe de luz. Cada um de vocês o verá viajar na mesma velocidade (pois, como Einstein deixou claro, é assim que a luz funciona). Isso é que é estranho. Ela verá o feixe de luz em seu carro cobrir uma curta distância. Você o verá movendo-se na mesma velocidade – pois essa é a única velocidade em que a luz pode viajar – e cobrir uma distância mais longa.

(Como pode alguma coisa cobrir duas distâncias diferentes enquanto viaja na mesma velocidade? A única solução, Einstein percebeu, é que você observa o tempo no carro em movimento se desacelerando, de modo a haver mais tempo para o feixe de luz percorrer a distância mais longa. Qualquer objeto que se mova em relação a você vai experimentar isso, sejam carros, foguetes espaciais ou mesmo macacos imaginários a deslizar rapidamente.)

O efeito fica mais evidente se imaginamos uma viagem mais rápida. E se Kong não ficasse no Chrysler Building, mas, com medo dos carros de imprensa do *Trib* que se aproximam correndo, às 20h32 ele e sua companheira pulassem num foguete e dessem voltas em torno da galáxia até aterrissarem de volta no topo do Chrysler Building no que você mede como 8 de fevereiro de 2017. Você corre para lá, abre caminho entre os fotógrafos amontoados e os produtores gritando ofertas de reality shows e se acotovela com a grande fera e sua amiga atriz. Você pergunta se eles querem ajudá-lo com o cálculo minkowskiano para determinar as distâncias no espaço-tempo que atravessaram.

Eles concordam e lhe mostram o diário de bordo em que registraram cuidadosamente suas viagens. Você o lê e então levanta os olhos, perplexo. Para você, é óbvia qual é a "distância" entre o evento quando Kong foi visto pela última vez no alto do Chrysler Building e a situação hoje. Aquele evento ocorreu às 20h32 de 2 de março de 1933, e agora vocês estão parados no mesmo lugar, portanto a diferença é "0 avenidas, 0 ruas, 0 altura, 83,9 anos". Mas o diário de bordo de Kong mostra uma quantidade de tempo muito mais breve, graças às dilatações do tempo que ocorreram ao longo das imensas distâncias que ele percorreu em sua viagem em alta velocidade.

A questão é profunda. Diferentes indivíduos entram constantemente em "pistas" de tempo separadas. Não é só você e seu imaginário Kong em sua viagem para tão longe que não concordarão quando se trata de medir a distância entre dois eventos. Todos nós viajamos em velocidades diferentes, e – se examinarmos com atenção suficiente – todos teremos essas discordâncias sobre o tempo que transcorreu entre dois eventos.

Descubra seu caminho através do tempo e espaço

Isso parece uma receita de caos, como se estivéssemos vivendo num universo absurdamente desconectado, com cada um de nós num mundo separado, todos colidindo uns com os outros sem explicação ou propósito. Mas Minkowski mostrou que, embora espaço e tempo não se encaixassem pelo simples tipo de subtrações entre eventos descrito na seção anterior, eles de fato se encaixam de outra maneira. Há um novo tipo de distância entre quaisquer dois eventos – o que ele chamou de "intervalo" – em relação ao qual todos estarão de acordo, não importa como estejam se movendo. Embora seu espaço e seu tempo possam ser diferentes do meu, Minkowski descobriu que o curioso número x^2-c^2t^2 nos levará sempre ao mesmo resultado. (Aqui, *c* é a velocidade da luz, *t* é a diferença entre os registros de tempo nos dois eventos e *x* é a distância transcorrida entre todos os registros de espaço – é um assunto que desenvolvo em meu website. Como x^2-c^2t^2 descreve uma hipérbole, vários diagramas geométricos são convenientes aí para ajudar.)

Einstein resistiu a essa combinação a princípio, chamando o trabalho de Minkowski de *überflüssige Gelehrsamkeit* – "erudição supérflua" –,[4] mas logo se deixou convencer e tornou a solução de Minkowski parte de seu próprio trabalho posterior sobre relatividade. É uma solução fabulosa. Não precisamos mais pensar no nosso universo como uma desajeitada aglomeração, com espaço tridimensional aqui, e um tempo unidimensional se projetando de um lado dele num ângulo reto em algum outro lugar, e todos a passar voando como personagens de Magritte em suas próprias passarelas de aeroporto isoladas. Em vez disso, vivemos numa "coisa" combinada chamada espaço-tempo.

O intervalo – essa estranha "distância" x^2-c^2t^2 – está no núcleo da compensação que ocorre entre espaço e tempo. No espaço comum, distâncias se somam, e depois, separadamente, o tempo se soma também. No espaço-tempo, como os componentes estão ligados dessa maneira particular (com o tempo que percebemos de outro indivíduo passando mais lentamente à medida que sua velocidade relativa a nós se intensifica), isso não acontece. Em vez disso, é como se o movimento no espaço-tempo funcionasse por meio de dois hodômetros, um dos quais está constantemente sendo subtraído do outro.

A ideia de misturar tempo e espaço pode parecer misteriosa, mas pense em olhar para um relógio circular. Visto de frente, ele parece ter uma igual quantidade de "horizontalidade" e "verticalidade". Incline-o ligeiramente, contudo, de modo a ficar vendo-o num ângulo, e você não verá mais um círculo perfeito, mas uma elipse. Parte da verticalidade parece ter desaparecido.

Não nos incomodamos com isso, pois sabemos que a verticalidade ainda estará lá se fizermos uma medição completa do relógio. Seu desaparecimento é simplesmente um produto de nossa posição restrita ao vê-lo. As dimensões espaciais a que estamos acostumados são semelhantes. Sabemos que na Terra podemos andar rumo ao leste ou rumo ao norte, mas podemos também fazer um pouco de cada uma dessas coisas ao mesmo tempo – isto é, podemos caminhar para o nordeste. As direções norte e leste podem parecer distintas, mas cabem numa unidade maior que podemos perceber. O mesmo se aplica à maneira como fãs numa arena de basquete veem o aro da cesta distorcido de diferentes maneiras. Aqueles cujos assentos os elevam precisamente 3,5 metros o veem como uma linha horizontal; aqueles em outras posições podem vê-lo como uma elipse. Mas isso não significa que pensem que essas distorções são a verdade. Logo que se levantam e andam ao redor, sabem que podem ver o aro de ângulos suficientes para captar a imagem completa.

No espaço-tempo quadridimensional em que Minkowski mostrou que vivemos, no entanto, é impossível para nós, frágeis organismos baseados em carbono, dar um passo atrás e ver o arranjo completo – ver todo o espaço e todo o tempo simultaneamente. Mas, com seus símbolos abstratos, podemos dizer que ele está lá, com todas as partes – todo espaço e todo tempo – inextricavelmente ligadas.

A equação do universo

Como Einstein reuniu tudo isso? Sua equação de 1915 parece tão diferente do que é ensinado no ensino médio ou mesmo em cursos básicos de matemática na universidade que a maioria das pessoas à primeira vista pensa que não se pode compreender nada sobre ela. Mesmo em sua forma moderna mais condensada, a equação aparece na forma do não especialmente convidativo $G_{\mu\nu}=8\pi T_{\mu\nu}$. Mas assim que compreendemos que grande parte disso é simplesmente uma hábil taquigrafia para listar várias misturas de coisas, ela começa a ficar mais clara.

Para compreender essa taquigrafia, imagine retornar a um dos restaurantes-cafés em que Einstein gostava de se sentar quando era estudante universitário. Suponha que o cardápio é extremamente pequeno, apenas escalope e cerveja, e para poupar tempo os garçons não escrevem os pedidos de seus fregueses por extenso, usando em vez disso pequenas grades impressas em seus blocos de pedidos.

Se um garçom envia o pedido

1 0

0 1

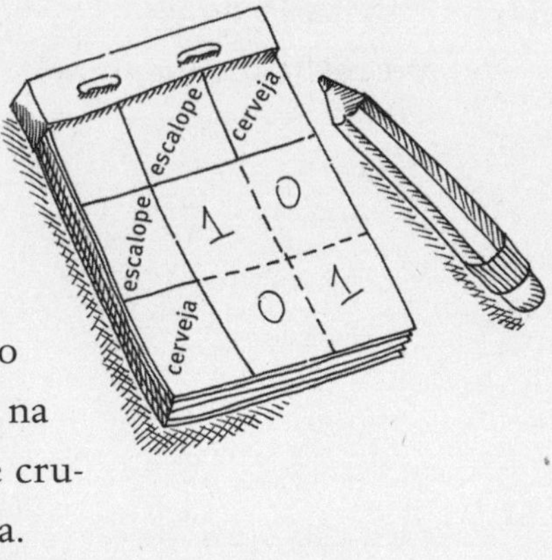

o cozinheiro sabe que deve fornecer um pedido duplo de escalope (porque o primeiro "1" está na casa em que as duas legendas de escalope se cruzam), um pedido duplo de cerveja, e mais nada.

Se o cozinheiro ficar maluco e decidir oferecer um terceiro item – batatas assadas! –, o restaurante precisará imprimir novos blocos com uma grade ligeiramente maior. O melhor tipo de batata assada na Suíça é chamado *rösti*, e portanto a nova grade será assim:

Se um garçom escrever agora

0 0 1
0 3 0
0 0 0

o cozinheiro sabe que deve preparar uma bandeja mista com escalope e *rösti* e uma bandeja com três pedidos duplos de cerveja. O pedido é excepcionalmente insalubre, extraordinariamente gostoso – e muito eficientemente resumido por esse simples padrão de números.

Suponha que haja dezenas de restaurantes como esse em Zurique, e que eles decidam parar de competir entre si. Em vez de oferecer uma escolha do quanto de qualquer combinação pode ser pedido, cada restaurante se atém a uma quantidade particular para cada refeição que serve. Em um restaurante, *todos* os fregueses recebem uma bandeja mista de escalope e *rösti*, e três bandejas com pedidos duplos de cerveja – e mais nada. Outro restaurante de Zurique tem uma tabuleta ao lado da porta com uma ampliação do bloco de pedidos do garçom preenchido da seguinte maneira:

A grade mostra os números:

1 0 0
0 0 0
0 0 1

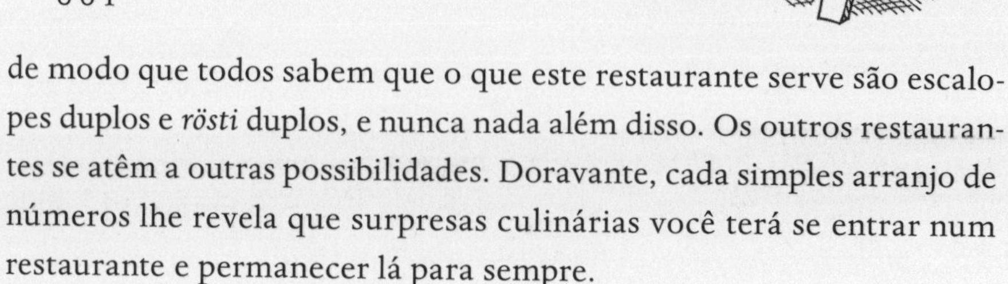

de modo que todos sabem que o que este restaurante serve são escalopes duplos e *rösti* duplos, e nunca nada além disso. Os outros restaurantes se atêm a outras possibilidades. Doravante, cada simples arranjo de números lhe revela que surpresas culinárias você terá se entrar num restaurante e permanecer lá para sempre.

Agora voltemos à relatividade. Suponha que estamos pedindo não comida, mas a forma de um universo. Antes de mais nada, precisamos saber quais são as dimensões constituintes – os equivalentes do escalope, cerveja e *rösti*. No caso de uma superfície bidimensional plana, como aquela em forma em selo postal em que o sr. Quadrado vivia, essas partes constituintes são as mudanças em distância na direção leste-oeste, *dx*, e as mudanças em distância na direção norte-sul, *dy*.

Isso monta o bloco de pedidos dos garçons, e para preenchê-lo precisamos saber agora que permutações particulares dessas partes serão oferecidas. Depois que tivermos esses dois tipos de dados – que série de possibilidades estão sendo oferecidas para montar nossa grade, e depois que escolhas particulares são feitas a partir dessa série para preencher nossa grade –, saberemos muita coisa sobre o mundo em que vamos entrar.

Esse tipo de "grade mista mais inscrições" é muito próximo do chamado tensor métrico. O nome é revelador. Medidas de distância usando a raiz grega *metron*, ou "metro", foram popularizadas com o novo sistema de medidas francês introduzido no século XVIII: o sistema métrico. Métricas são simplesmente uma maneira de estabelecer como coisas se encaixam. O aglomerado de números que serve como um "pedido" em cada um de nossos restaurantes superficientes de Zurique define como as dimensões componentes de nosso universo se encaixam.

Criando nosso mundo

No mundo da Planolândia do sr. Quadrado, a grade de fundo dará lugar a diferentes misturas de *dx* e *dy*: diferentes quantidades da direção leste-oeste ou norte-sul. Isso significa que a grade vazia terá esta aparência:

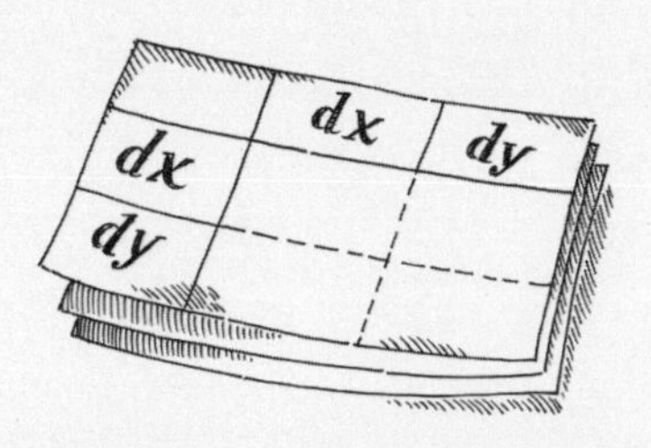

Como preenchê-la? Sabemos que a própria definição de superfície plana é aquela apontada pelo teorema de Pitágoras: que se houver um triângulo reto com lados *dx* e *dy*, e uma hipotenusa *ds*, então as partes se encaixam de modo que $dx^2+dy^2=ds^2$. Podemos resumir isso no formulário de pedidos de Planolândia preenchendo-o como mostrado abaixo:

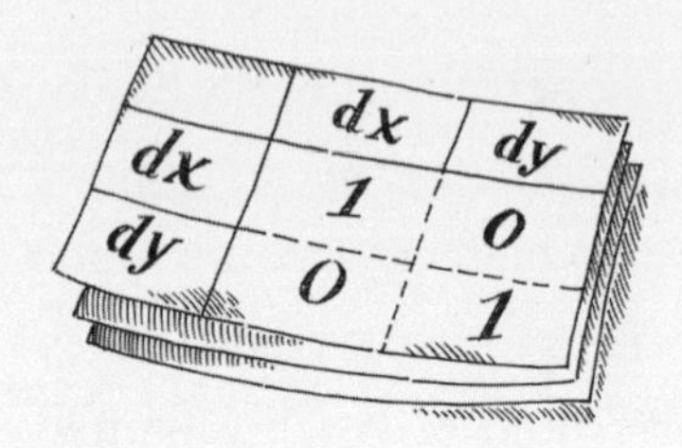

Há pedidos duplos de *dx* e pedidos duplos de *dy*, e nenhuma mistura estranha eles. Está tudo organizado: triângulos retos se encaixam, quadrados não se abaúlam, e é razoável pensar que o tempo estará similarmente em "ângulos retos" com o espaço. Limite-se a combinar as partes desta maneira mais simples, e você criará o mundo de Planolândia. No livro de Jó, na Bíblia, Deus pergunta: "Onde estavas tu quando Eu lançava os alicerces da terra? ... Quem determinou os limites das dimensões da terra ... ou quem colocou a angular, a pedra fundamental?"[5] Este é o mais próximo equivalente secular de como isso pode ser feito.

O que é ótimo nesta abordagem é que ela pode ser facilmente expandida. Uma divindade benevolente contempla seu domínio, encomenda mais constituintes, e veja, um restaurante – um universo! – é criado com um formulário de pedidos muito mais amplo.

As equações de Einstein foram construídas a partir de grades análogas, mas permitem mundos muito diferentes. Eram maiores que a de Planolândia, é claro, pois em vez de ter caixas 2×2, permitindo apenas duas dimensões de espaço (leste-oeste e norte-sul), tinham caixas 4×4, de modo que três dimensões de espaço e uma dimensão de tempo podiam ser combinadas. Além disso, elas não iriam em geral ser preenchidas com instruções tão simples quanto as da grade de Planolândia, em que a sequência de 1s na diagonal significava que as únicas misturas eram nítidas, ordenadas e diretas. Isso seria como pousar num mundo-restaurante em que itens separados do cardápio nunca fossem misturados: o que em quatro dimensões – i.e., em quatro séries de itens possíveis a ser pedidos – teria este aspecto:

	leste/oeste	norte/sul	acima/abaixo	tempo
leste/oeste	1	0	0	0
norte/sul	0	1	0	0
acima/abaixo	0	0	1	0
tempo	0	0	0	1

Esse é um mundo entediante, chato – como aquele da página 86 (à esquerda);

É mais excitante – e, Einstein compreendeu, mais realista – permitir que ocorram misturas das diferentes dimensões. Dessa maneira, por exemplo, um pouco da direção leste-oeste poderia ser pedido em combinação com um pouco da direção acima-abaixo. É como um dos restaurantes em que os cozinheiros se aventuravam a escapar da oferta costumeira de pedidos duplos de cerveja ou escalope*s* duplos. Em vez disso, afastando-se da linha diagonal, eles oferecem misturas variáveis de comida. Isso está mais próximo do universo em que vivemos. O resultado é como aquele que vimos na página 86 (à direita), em que em alguns lugares a direção acima-abaixo se mistura com a leste-oeste, e outras misturas ocorrem também.

As palavras se tornam difíceis de manejar quando as usamos para descrever completamente o que é inscrito nos muitos espaços possíveis. Em vez de dizer, por exemplo, "Aqui está o valor que aparecerá na caixa em que a terceira fileira se cruza com a quarta coluna", é mais rápido dizer "Aqui está o valor para a caixa$_{34}$". Depois, quando queriam mostrar que suas caixas funcionariam através de uma série completa de subscritos, eles trocavam de números para subscritos gregos. Quando escrevia g_{34}, Einstein estava se referindo ao valor que seria inscrito na caixa que ficava na interseção da terceira fileira com a quarta coluna; quando escrevia $g_{\mu\nu}$, estava se referindo à série completa de dezesseis caixas na sua grade de cardápio. É mais ou menos da maneira como, hoje, nos referimos às caixas em planilhas.

Assim é a equação que Einstein concebeu em 1915, que em sua forma arrumada é $G_{\mu\nu}=8\pi T_{\mu\nu}$. O *G* maiúsculo do lado esquerdo ainda é um pouco mais complicado do que o que pode ser descrito aqui, mas tem em seu núcleo a expressão $G_{\mu\nu}$: uma série de valores que se encaixam numa grade 4×4 e estabelecem como espaço e tempo numa localização particular são ordenados. O $T_{\mu\nu}$ é similar e tem em seu núcleo outra grade 4×4 cujos valores descrevem o que está *nessa* localização no espaço-tempo: as misturas de energia e momentum que encontramos ali.

Acima de tudo, magnificamente, Einstein reconheceu a profunda conexão entre os dois lados. Não era preciso ir a todas as localizações possíveis no espaço-tempo e então medir toda a massa e energia ali para preencher os dois lados. Essa seria – e é difícil enfatizar como isso é um eufemismo – uma tarefa muito prolongada. Em vez disso, através do gênio de Einstein, metade do trabalho já está feito para nós. Identifique algum arranjo particular de espaço e tempo à esquerda, e você terá um excelente ponto de partida para saber quanta massa e energia estão operando ali. Ou você pode começar à direita, medindo que há nas grades *T*, e então, pela mágica da equação, será imediatamente capaz de viajar para o lado esquerdo e começar a descrever a configuração geométrica do espaço e tempo ali. E, é claro, se os valores no lado esquerdo forem tão grandes que poriam todo o universo em colapso, você pode subtrair alguma fração daquele lado para que tudo se equilibre sem desmoronar – e foi isso que Einstein fez com seu termo lambda adicional em 1917.

Resolver essa relação é difícil, pois as inscrições nas caixas de ambos os lados não permanecem simplesmente imóveis. Elas variam de diferentes perspectivas. Por exemplo, se vejo um objeto como estacionário, você, que está se movendo relativamente a mim, *não* o verá como estacionário. Mas, como ele está se movendo para você, ele agora possui energia cinética, e, pela equivalência de energia e massa – lembre-se de $E=mc^2$ –, você irá genuinamente experimentá-lo tendo maior atração gravitacional do que se fosse eu.

De maneira semelhante, uma massa que tem determinado comprimento quando vista por um observador relativamente estacionário estará se contraindo quando vista por um observador em movimento. Mas, como a massa não muda, ao contrário do volume, sua densidade será mais elevada, e também isso terá de ser incorporado. Como expressar essas questões de modo que cada uma de nossas diferentes perspectivas permaneça válida? Foi isso que demandou tanto tempo de Einstein e Grossmann.

Por sorte, há maneiras de tornar os cálculos um pouco mais fáceis. Por exemplo, cada lado da relação de Einstein tem profundas simetrias em torno do eixo diagonal que vai da esquerda superior à direita inferior, porque tudo num lado dessa linha tem uma duplicata numa posição correspondente no outro lado (da mesma maneira que um pedido de escalope mais cerveja produz o mesmo resultado que um pedido de cerveja mais escalope). Isso significa que, em vez de dezesseis espaços independentes, e assim dezesseis equações separadas, há somente as quatro ao longo da diagonal intermediária e depois as seis outras acima dela. Isso transforma G=T em meras dez equações emaranhadas – o que é, reconheçamos, pelo menos mais fácil de lidar que dezesseis.

O que Einstein viu

Muitas vezes é possível obter insights valiosos sem precisar resolver as equações. Para compreender como a curvatura do tempo depende da gravidade, por exemplo, imagine que o empresário espacial Elon Musk quer verificar um de seus foguetes espaciais antes do lançamento. Ele sobe na base do foguete, consulta o relógio em seu pulso e em seguida levanta os olhos para o topo do foguete – o interior tendo sido esvaziado o bastante para que ele possa ver todo o caminho – onde outro relógio está à espera.

Ele pode perceber que os dois relógios estão sincronizados porque flashes de luz estão descendo do que está no topo e chegando no que seu relógio de pulso mostra serem intervalos perfeitamente regulares.

Tudo parece estar bem.

Mas então, subitamente, seu bom amigo Jeff Bezos, que está olhando do lado de fora, aperta um botão vermelho. Musk sente que seu foguete está partindo como uma bala da terra. Ele é arremessado contra a base, e – encantado por Bezos lhe ter dado essa oportunidade de experimentar efeitos de relatividade geral – observa algo curioso. De algum modo os flashes de luz que vêm do topo, ou frente, estão chegando mais rapidamente agora do que antes. Ele fica intrigado com isso. Sabe que o comprimento do foguete não mudou. Nem a velocidade da luz.

Então por que esses flashes estão chegando a ele mais rapidamente?

Ele quebra a cabeça um pouco mais e então compreende o que está acontecendo. Como está se acelerando, o fundo do foguete, onde se encontra, está se aproximando do lugar onde a frente havia estado cada vez mais rapidamente do que antes. (É isso que aceleração significa, em contraposição a velocidade constante.) Musk, na traseira, está interceptando o flash de luz que vem da frente antes que ele percorra o comprimento total de seu foguete: isto é, antes que seu relógio de pulso tenha tido uma chance de marcar um segundo completo.

Ele pode extrair apenas uma conclusão. O flash de luz que vem da frente está chegando "cedo" demais. Antes o relógio da frente emitia um flash a cada segundo pelo tempo marcado por seu relógio de pulso. Agora está enviando um flash num tempo menor que esse. O relógio deve estar acelerado.

Se isso acontecesse somente dentro de foguetes, o efeito poderia ser considerado uma decorrência das vibrações ribombantes dos motores. Mas lembre-se da insistência de Einstein de que, se não houver janelas, o passageiro não pode saber com certeza se saiu voando da Terra. Talvez ele tenha sido enganado e ainda esteja pousado no solo, e seja a gravidade o que o está mantendo junto do assoalho. (Isto é, como observamos, como ser pressionado para trás num carro esporte em aceleração. Se você estivesse de olhos fechados e não houvesse nenhuma trepidação, a impressão seria a mesma de estar sendo puxado para trás por uma enorme força gravitacional atrás de você.)

Como nenhum observador nessas circunstâncias pode discernir se está no solo ou se afastando da Terra, isso significa que as diferentes taxas de tempo – as diferentes velocidades em que os relógios tiquetaqueiam – ocorrerão tanto num campo gravitacional quanto num veículo em aceleração. Relógios idênticos mostram o tempo passando mais rapidamente "no alto" e mais lentamente "embaixo".

Isso soa absurdo, mas é verdade. Quando satélites GPS passam zumbindo lá em cima, de acordo com a relatividade especial sua alta velocidade contribui para fazer o tempo a bordo se desacelerar. Mas como os satélites também orbitam a vinte quilômetros de altitude, onde a gravidade é várias vezes mais fraca que no solo, o efeito que a experiência imaginária de Musk demonstra também está envolvido. Por força desse segundo efeito, de acordo com a relatividade geral, o tempo nos satélites flui mais rapidamente do que para nós na Terra, onde nosso campo gravitacional mais denso o desacelera.

Qual dos fatores domina? No caso dos nossos satélites GPS, a aceleração do tempo decorrente da menor gravidade em suas órbitas elevadas acrescenta 45 mil nanossegundos de tempo extra à sua existência cada dia, ao passo que a desaceleração do tempo decorrente de sua enorme velocidade retira apenas cerca de 7 mil nanossegundos cada dia. A diferença líquida é um ganho de 38 mil nanossegundos. Essa é a cifra que os engenheiros usam para "reajustar" nossos sistemas de GPS cada dia, de modo a manter o tempo em nosso mundo em sincronia com o tempo nos satélites. Sem essa correção, logo acabaríamos ficando quilômetros fora de curso.

Isso não é tudo. Quanto maior for a diferença entre a gravidade em dois lugares, maior será o efeito relativístico geral. A cada ano, o tempo logo acima da superfície do Sol avança um minuto mais devagar do que na Terra. O tempo muito perto de um buraco negro avança milhões de vezes mais devagar. Nós veríamos (dependendo de certos efeitos de escurecimento) um astronauta que está caindo no buraco negro parecer se mover de maneira incrivelmente lenta, enquanto para ele o tempo estaria normal, tendo sido a galáxia do lado de fora que se acelerou, com a vida se precipitando numa velocidade milhões de vezes maior que a usual. Em seu último momento, ele poderia, teoricamente, ver civilizações inteiras ascenderem e declinarem.

Seria difícil para ele realmente observar esses espetáculos, no entanto, e não apenas por causa das limitações de qualquer telescópio que tivesse levado consigo. Um gradiente gravitacional forte o suficiente para produzir velocidades de tempo tão diferentes produzirá também puxões muito diferentes sobre seu corpo. Sua mão levantada receberá certa quantidade de puxão gravitacional; seu pé, se ele estiver mais próximo do buraco, receberá um puxão muito – MUITO – maior. Há outros efeitos em curso, mas este por si só é suficiente para criar a chamada "espaguetificação", em que mesmo o mais forte material é despedaçado. Por mais bem-sucedidos que tenham sido seus investimentos lá na Terra, ele logo não estaria mais em condições de desfrutá-los.

Notas

Prólogo (p.9-12)

1. *The Collected Papers of Albert Einstein, vol.1, The Early Years, 1879-1902*, trad. Anne Beck (Princeton: Princeton University Press, 1987), p.xix (daqui em diante citado como CPAE1). A Princeton University Press vem reunindo todos os artigos de Einstein numa coleção que estabelece o padrão para edições eruditas.
2. Ernst Straus (assistente de Einstein em Princeton, final dos anos 1940), in A.P. French (org.), *Einstein: A Centenary Volume*, (Cambridge, Mass.: Harvard University Press, 1979), p.31.
3. *The Collected Papers of Albert Einstein, vol.8, The Berlin Years: Correspondence, 1914-1918*, trad. Ann M. Hentschel (Princeton: Princeton University Press), p.160 (daqui em diante citado como CPAE8).
4. Ele disse isto? A primeira menção foi do físico George Gamow em 1956, um ano após a morte de Einstein. Como Gamow tinha uma maneira engenhosa de falar e Einstein nunca usou a expressão em outra correspondência, alguns historiadores sugeriram que Gamow a inventou. Mas acredito em Gamow. Ele era muito respeitado, e suas observações sobre outros colegas se sustentam. Acima de tudo, a frase corresponde ao tom e aos sentimentos de Einstein: ele *não* estava feliz por ter tido de acrescentar a constante cosmológica.

1. Infância vitoriana (p.15-27)

1. Philipp Frank, *Einstein: His Life and Times*, ed. rev. (Nova York: Knopf, 1953), p.11.
2. CPAE1, p.xx.
3. Ibidem, p.11
4. Ibid., p.11-2.
5. Paul Arthur Schilpp, *Albert Einstein: Philosopher-Scientist* (LaSalle, Ill.: Open Court Press, 1949), p.16-7.
6. CPAE1, p.27.
7. Carl Seelig, *Albert Einstein: A Documentary Biography* (Londres: Staples Press, 1956), p.71.
8. Ibid., p.11.
9. CPAE1, p.145.
10. Ibid., p.152.
11. Ibid., p.32.

2. Maioridade (p.28-34)

1. CPAE1, p.152.
2. Ibid., p.151.
3. Ibid., p.163.
4. Ibid.p.123.
5. Ibid.p.165.
6. Ibid., p.165.
7. Ibid., p.173. Editei muito ligeiramente o final.
8. Ibid., p.172.
9. Walter Isaacson, *Einstein: His Life and Universe* (Nova York: Simon & Schuster, 2007), p.64.
10. CPAE1, p.191.
11. Ibid., p.192.
12. Seelig, p.58.
13. CPAE1, p.186.
14. Em julho de 1900, Einstein disse à famíllia que iria se casar com Marić. Ele lembrou que "Mama [então] se jogou na cama, enterrou a cabeça no travesseiro, e chorou como uma criança". Depois ela disse que ele estava arruinando seu futuro, que nenhuma família decente a aceitaria, e que "se ela ficar grávida você realmente estará numa bela enrascada" (CPAE1, p.141-2). Afora isso, aceitou a situação bastante bem.
15. *Albert Einstein-Michele Besso Correspondance, 1903-1955*, trad. e org. Pierre Speziali (Paris, Hermann, 1972), p.3.
16. Albrecht Folsing, *Albert Einstein: A Biography*, trad. e abr. Ewald Osers (Nova York: Viking, 1977), p.73.
17. CPAE1, p.129.
18. Frank, p.131.

3. Annus mirabilis (p.35-45)

1. Folsing, p.102.
2. Maurice Solovine, *Albert Einstein: Letters to Solovine* (Nova York: Philosophical Library, 1987), p.6.
3. O velho clássico de Stephen Toulmin e June Goodfield *The Architecture of Matter* (Londres: Hutchinson, 1962) pesquisa os conceitos subjacentes muito antes do tempo de Lavoisier, como faz o livro de Max Jammer *Concepts of Mass in Classical and Modern Physics* (Nova York: Dover, 1997). O ensaio de C.E. Perrin "The Chemical Revolution: Shifts in Guiding Assumptions" ("The Chemical Revolution: Essays in Reinterpretation", número especial, *Osiris*, 2ª ser. [1988], p.53-81) é excelente sobre o que aconteceu no tempo de Lavoisier que tornou o salto poste-

rior para um foco na massa tão difícil. O livro de Charis Anastopoulos *Particle or Wave: The Evolution of the Concept of Matter in Modern Physics* (Princeton: Princeton University Press, 2008) mostra como essa visão moderna se desenvolveu.

4. CPAE1, p.xviii.
5. Albert Einstein, "The Religious Spirit of Science", in *Ideas and Opinions* (Londres: Folio Society, 2010), p.38.
6. *The Collected Papers of Albert Einstein, vol.2, The Swiss Years: Writings, 1900-1909*, trad. Anna Beck (Princeton: Princeton University Press, 1989), p.24.
7. *The Collected Papers of Albert Einstein, vol.5, The Swiss Years: Correspondence, 1902-1914*, trad. Anna Beck (Princeton: Princeton University Press, 1955), doc.28 (daqui em diante citado como CPAE5).
8. Dennis Overbye, *Einstein in Love: A Scientific Romance* (Nova York: Viking, 2000), p.139.

4. Só o começo (p.46-51)

1. Seelig, p.92-3.
2. Folsing, p.203.
3. CPAE5, p.20.

5. Vislumbrando uma solução (p.62-7)

1. *The Collected Papers of Albert Einstein, vol.7, The Berlin Years: Writings, 1918-1921*, trad. Alfred Engel (Princeton: Princeton University Press, 2002), p.31.
2. CPAE1, p.xxii.
3. Mileva Einstein-Marić, *In Albert's Shadow: The Life and Letters of Mileva Marić, Einstein's First Wife*, org. Milan Popovic (Baltimore: Johns Hopkins University Press, 2003), p.14.
4. Overbye, p.185.
5. Folsing, p.259.
6. Seelig, p.95.

6. Tempo para pensar (p.68-75)

1. Peter Galison, Gerald Holton e Silvan S. Schweber (orgs.), *Einstein for the 21st Century: His Legacy in Science, Art and Modern Culture* (Princeton: Princeton University Press, 2008), p.186.
2. Seelig, p.171.
3. Ronald W. Clark, *Einstein: The Life and Times* (Nova York: Avon, 1971), p.322.

4. Seelig, p.85.
5. CPAE, doc.300.
6. Abraham Pais, *Subtle is the Lord: The Science and Life of Albert Einstein* (Nova York: Oxford University Press, 1982), p.212.

7. Afiando as ferramentas (p.76-84)

1. Jeremy Gray, *Worlds out of Nothing: A Course in the History of Geometry in the 19th Century* (Londres: Springer, 2007), p.129.
2. Marvin Jay Greenberg, *Euclidean and Non-Euclidean Geometries: Development and History* (Nova York: W.H. Freeman, 2007), p.191.
3. CPAE1, p.190.
4. Banesh Hoffmann, *Albert Einstein: Creator and Rebel* (Nova York: Viking, 1972), p.116.
5. CPAE5, p.324.
6. Seelig, p.10.
7. French, p.15.
8. Hoffmann, p.117.
9. Jurgen Neffe, *Einstein: A Biography*, trad. Shelley Frisch (Nova York: Farrar, Straus and Giroux, 2007), p.219.
10. Ibid., p.116.
11. Armis Harmann, *The Genesis of Quantum Theory, 1899-1912* (Cambridge, Mass.: MIT Press, 1971), p.69.
12. Hoffmann, p.116.
13. CPAE5, doc.513.
14. Alice Calaprice (org.), *The Ultimate Quotable Einstein* (Princeton: Princeton University Press, 2011), p.37.
15. Folsing, p.399.

8. A melhor ideia (p.85-91)

1. G. Waldo Dunnington, *Carl Friedrich Gauss: Titan of Science* (1955; reempr. Nova York: Mathematical Association of America, 2004), p.465.
2. John Stachel, *Einstein from "B" to "Z"* (Boston: Birkhäuser, 2002), p.232.
3. Ibid, p.374.

9. Verdadeiro ou falso? (p.95-104)

1. Pais, p.235.
2. Ibid., p.239.
3. Folsing, p.317.

4. Ibid., p.320.
5. Ibid., p.382.

10. Totalidade (p.105-17)

1. Eddington não mencionou que estava suando em seu diário, mas em maio, no equador ao largo da costa do Congo, manipulando equipamento pesado ao ar livre ao meio-dia, qualquer pessoa vai suar.
2. Subrahmanyan Chandrasekhar, *Eddington: The Most Distinguished Astrophysicist of His Time* (Cambridge: Cambridge University Press, 1983), p.25.
3. Citado in Matthew Stanley, "'An Expedition to Heal the Wounds of War': The 1919 Eclipse and Eddington as Quaker Adventurer", *Isis* 94 (2003), p.68.
4. Ibid., p.64.
5. F.W. Dyson, A. S. Eddington e C. Davidson, "A Determination of the Deflection of Light by the Sun's Gravitational Field, from Observations Made at the Total Eclipse of May 29, 1919", *Philosophical Transactions of the Royal Society A*, 20, n.571-81 (1º jan 1920). Disponível em: <rsta.royalsocietypublishing.org/content/roypta/220/571-581/291.full.pdf>. Este artigo, o artigo de Stanley citado na nota anterior e o artigo de Peter Coles ("Einstein, Eddington and the 1919 Eclipse", *Astronomical Society of the Pacific Conference Proceedings*, vol.252 [2001]: p.21) são as principais fontes para a informação sobre Eddington neste capítulo.
6. Einstein para Paul Ehrenfest, 12 set 1919, in *The Collected Papers of Albert Einstein, vol.9, The Berlin Years: Correspondence, January 1919-April 1920*, trad. Ann M. Hentschel (Princeton: Princeton University Press, 2004), doc.104 (daqui em diante citado com CPAE9).
7. Alfred North Whitehead, *Science and the Modern World* (1925; reimpr. Nova York: Free Press, 1967), p.13.
8. "Joint eclipse meeting of the Royal Society and the Royal Astronomical Society", *The Observatory* (1919), p.391.
9. O objetor era o físico Ludwik Silberstein, citado in *Times* (Londres), 7 nov 1919.
10. Citado ibid.

11. Rachaduras no alicerce (p.125-33)

1. G.J. Whitrow, *Einstein: The Man and His Achievement* (Londres: Dover, 1967), p.20.
2. CPAE8, doc.56.
3. Neffe, p.102.
4. Ibid, p.103.
5. Ibid, p.106. O arquiteto era o amigo íntimo da família Konrad Wachsmann, que projetou a casa de campo dos Einstein.
6. Roger Highfield e Paul Carter, *The Private Lives of Albert Einstein* (Boston: Faber and Faber, 1993), p.208.

7. Einstein para os filhos adultos de Besso, 2 mar 1955, in *Albert Einstein-Michele Besso Correspondance*, p.537.
8. Albert Einstein, "Cosmological Considerations on the General Theory of Relativity", in H.A. Lorentz, A. Einstein, H. Minkowski e H. Weyl, *The Principle of Relativity: A Collection of Original Memoirs on the Special and General Theory of Relativity* (1923; reeimpr. Nova York: Dover, 1952), p.177.
9. Ibid., p.180.
10. Ibid, p.118.
11. Ibid., p.193.

12. Tensões crescentes (p.137-46)

1. Eduard A. Tropp, *Alexander A. Friedmann: The Man Who Made the Universe Expand* (Cambridge: Cambridge University Press, 1993), p.70.
2. Ibid., p.74.
3. Ibid., p.75-6.
4. Helge Kragh, *Cosmology and Controversy: The Historical Development of Two Theories of the Universe* (Princeton: Princeton University Press, 1996), p.25.
5. Tropp, p.169.
6. Ibid., p.171.
7. Folsing, p.524.
8. Isaacson, p.103.
9. Tropp, 172.
10. Ibid., p.187.
11. Ibid., p.173.
12. Ibid., p.174.

13. A rainha de copas é preta (p.156-71)

1. A.L. Berger (org.), *The Big Bang and Georges Lemaître: Proceedings of a Symposium in Honour of G. Lemaître, Louvain-la-Neuve, Belgium* (Dordrecht: D. Reidel, 1983), p.370.
2. H. Nussbaumer e L. Bieri, *Discovering the Expanding Universe* (Cambridge: Cambridge University Press, 2009), p.111.
3. O experimento foi conduzido por Jerome S. Brunner e Leo Postman, e seus resultados foram publicados em "On the Perception of Incongruity: A Paradigm", *Journal of Personality*, vol.18 (1949), p.206-23. "Talvez a descoberta mais central", escreveram eles, "seja que o limiar de reconhecimento para as cartas de baralho incongruentes (aquelas com naipes e cores invertidos) é significativamente mais elevado que o limiar para cartas normais. Enquanto cartas normais em média eram reconhecidas corretamente – aqui definido como uma resposta correta seguida por uma segunda resposta correta – a 28 milissegundos, as cartas incongruentes requeriam 114 milissegundos." Não admira que Einstein tenha se aferrado a seu erro por tanto tempo.

4. Gale E. Christianson, *Edwin Hubble: Mariner of the Nebulae* (Chicago: University of Chicago Press, 1995), p.108.
5. Robert W. Smith, *The Expanding Universe: Astronomy's "Great Debate", 1901-1931* (Cambridge: Cambridge University Press, 1982), p.114.
6. Arthur I. Miller, *Einstein, Picasso: Space, Time, and the Beauty That Causes Havoc* (Nova York: Basic Books, 2001), p.235.
7. Christianson, p.206.
8. Ibid., p.210.
9. Daryl Janzen, "Einstein's Cosmological Considerations" (artigo inédito, Universidade de Saskatchewan, Saskatoon, 13 fev 2014). Disponível em: <arxiv.org/pdf/1402.3212.pdf>, p.20-1.
10. Christianson, p.211.

14. Finalmente tranquilo (p.172-81)

1. Kragh, p.54.
2. Timothy Ferris, *Coming of Age in the Milky Way* (1988; reimpr. Nova York: Perennial, 2003), p.212.
3. Berger, p.376.
4. Ibid., p.376.
5. "Dark Side of Einstein Emerges in His Letters", *New York Times*, nov 1996.
6. CPAE5, doc.389.
7. Dorothy Michelson Livingston, *The Master of Light* (Nova York: Scribner's, 1973), p.291, citado in Denis Brian, *Einstein: A Life* (Nova York: Wiley, 1996), p.12.
8. Neffe, p.102.
9. Isaacson, p.361.
10. Berger, p.395.
11. Simon Singh, *Big Bang: The Origin of the Universe* (Nova York: HarperCollins, 2004), p.159.
12. Ferris, p.212.
13. O grande exemplo aqui é a equação de Paul Dirac descrevendo o elétron, que ele publicou em 1928. Uma equação como $x^2=25$ tem duas soluções: $x=5$ ou $x=-5$. A equação de Dirac também tinha duas soluções possíveis: uma para elétrons negativamente carregados – que eram todos os elétrons então conhecidos –, e ainda uma outra para elétrons positivamente carregados, embora esses elétrons "positivos" fossem inteiramente inimaginados. Quatro anos depois, Carl Anderson no Caltech os descobriu, e foi isso que incitou Dirac a observar: "Minha equação é mais inteligente do que eu." Como isso podia acontecer? Veja, por exemplo, Frank Wilczek, "The Dirac Equation", in Graham Farmelo (org.), *It Must Be Beautiful: Great Equations of Modern Science* (Londres: Granta, 2002), p.132-61. Veja também o artigo de Eugene P. Wigner de 1960, presente em muitas antologias, "The Unreasonable Effectiveness of Mathematics in the Natural Sciences".

15. Subjugando o arrivista (p.185-96)

1. Michael Hiltzik, *Big Science: Ernest Lawrence and the Invention That Launched the Military-Industrial Complex* (Nova York: Simon & Schuster, 2015), p.18.
2. *The Collected Papers of Albert Einstein, vol.6, The Berlin Years: Writings, 1914-1917*, trad. Alfred Engel (Princeton: Princeton University Press, 1997), p.396.
3. As probabilidades tinham de ser incluídas porque essa era a única maneira de deduzir a já bem conhecida lei da radiação de Planck. Mas isso é o que Einstein estava convencido de ser apenas um quebra-galho. Bohr, no entanto, recebia com agrado a abordagem probabilística, porque, em sua teoria atômica, processos de transição *nunca* podiam ser compreendidos classicamente.
4. Folsing, p.393.
5. Jagdish Mehra (org.), *The Golden Age of Theoretical Physics: Selected Essays* (Londres: World Scientific, 2001), p.651-2.
6. Max Born, *The Born-Einstein Letters, 1916-1955: Friendship, Politics and Physics in Uncertain Times*, trad. Irene Born (1971; reimpr. Londres: Macmillan, 2005), p.86.
7. Ibid., p.88.
8. Folsing, p.566.

16. A incerteza da era moderna (p.197-204)

1. Pais, p.467.
2. Em 1936, Einstein escreveu: "Todos que estão seriamente envolvidos na busca da ciência tornam-se convencidos de que um espírito está manifesto na leis do Universo – um espírito vastamente superior ao do homem" (Calaprice, p.152). Em 1941: "Os ateus fanáticos são como escravos que ainda estão sentindo o peso de suas correntes … Eles são criaturas que – em seu rancor contra a religião tradicional como o "ópio das massas" – não podem ouvir a música das esferas" (Isaacson, p.390).
3. Einstein, "The Religious Spirit of Science", p.38.
4. Werner Heisenberg, *Encounters with Einstein: And Other Essays on People, Places and Particles* (Princeton: Princeton University Press, 1983), p.113-4.
5. Frank, p.216.
6. Folsing, p.580.
7. A mulher de Schrödinger sempre foi útil quando se tratava de fazer avançar a física quântica, e alguns meses mais tarde forneceu irmãs gêmeas para ajudar a concentração do marido. "O Nirvana é um estado de puro conhecimento bem-aventurado", escreveu Schrödinger. "Nada tem a ver com o indivíduo" (Walter Moore, *Schrödinger: Life and Thought* [1989; reimpr. Nova York: Cambridge University Press, 2015], p.223).
8. Ian Stewart, *Why Beauty is Truth* (Nova York: Basic Books, 2007), p.209.
9. Stefan Rozental (org.), *Niels Bohr: His Life and Work as Seen by His Friends and Colleagues* (Hoboken, N.J.: Wiley, 1967), p.106.

17. Discussão com o dinamarquês (p.205-18)

1. Born, p.88.
2. Calaprice, p.61.
3. Heisenberg, p.116.
4. Folsing, p.589.
5. cerimônia de premiação de Max Planck, 28 jun 1929, in Calaprice, p.172.
6. French, p.15.
7. A prova experimental formal só veio quatro anos mais tarde, em 1933, com o físico americano Kenneth Bainbridge usando um sensível espectômetro de massa. Mas poucos físicos realmente precisavam disso: as equações de campo de Einstein que levaram à previsão da curvatura da luz dependiam de $E=mc^2$, e, ao confirmar tão espetacularmente a teoria em 1919, Eddington havia confirmado indiretamente $E=mc^2$.
8. Pais, p.446.
9. Rozental, p.103.
10. Heisenberg, p.116.

18. Dispersões (p.225-29)

1. David Cassidy, *Uncertainty: The Life and Science of Werner Heisenberg* (Nova York: W.H. Freeman, 1992), p.545.
2. Mordecai Schreiber, *Explaining the Holocaust: How and Why it Happened* (Eugene, Ore.: Cascade Books, 2015), p.57.
3. Frank, p.226.

19. Isolamento em Princeton (p.230-40)

1. Einstein para a rainha Elizabeth da Bélgica, 20 nov 1933, citado in Calaprice, p.25.
2. Antonina Vallentin, *The Drama of Albert Einstein* (Nova York: Doubleday, 1954), p.240.
3. Born, p.128.
4. Folsing, p.704.
5. Pais, p.44.
6. Moore, p.298.
7. Ibid, p.426.
8. Isaacson, p.431.
9. Folsing, p.127.
10. Ibid., p.695.
11. Born, p.178.
12. Folsing, p.705.

20. O fim (p.241-4)

1. Lembrado por Ernst Straus, assistente de Einstein, numa palestra memorial em 1955, citado in Calaprice, p.192.
2. Entrevista com Hanna Loewy, velha amiga da família, 1991, citado in Calaprice, p.32.
3. "A Genius Finds Inspiration in the Music of Another", *New York Times*, 13 jan 2006.
4. Isaacson, p.511.
5. Hoffmann, p.257.
6. Ibid., p.261.
7. Pais, p.477.
8. *Max Born, My Life: Recollections of a Nobel Laureate* (Nova York: Scribner's, 1978), p.309.
9. Peter Michelmore, *Einstein: Profile of the Man* (Nova York: Dodd, Mead, 1962), p.261.

Epílogo (p.245-8)

1. French, p.13.
2. Duas equipes, que anunciaram seus resultados com poucas semanas de diferença em 1998, foram contempladas com o prêmio Nobel de Física de 2011 por esse trabalho. Descobrir que o universo estava se expandindo cada vez mais rapidamente foi, como afirmou Saul Perlmutter, chefe da equipe da Califórnia, ao entrevistador da National Public Radio Terry Gross, "um pouco como jogar [uma] maçã para cima no ar e vê-la decolar rumo ao espaço" (*Fresh Air*, NPR, 14 nov 2011). Teria isso perturbado Einstein? Provavelmente não, porque essas descobertas não exigiam necessariamente a abordagem conceitual da mecânica quântica; elas ainda podiam, era concebível, ser explicadas em termos causais claros. Em abril de 1917, Einstein havia escrito ao matemático Felix Klein, de Göttingen: "Não duvido que mais cedo ou mais tarde [minha teoria] terá de ceder lugar a uma outra que difira dela fundamentalmente, por razões que hoje não podemos sequer imaginar. Acredito que esse processo de aprofundamento da teoria não tem limite."

Apêndice (p.249-64)

1. Constance Reid, *Hilbert* (Nova York: Springer, 1996; orig. 1970), p.112.
2. H. Minkowksi, "Space and Time", in H.A. Lorentz, A. Einstein, H. Minkowski e H. Weyl, *The Principle of Relativity: A Collection of Original Memoirs on the Special and General Theory of Relativity* (1923; reimpr. Nova York: Dover, 1952), p.76.
3. Ibid., p.76.
4. Pais, p.151.
5. Livro de Jó 38:4-6.

Bibliografia

Aqui estão alguns livros cuja leitura vale especialmente a pena, sobretudo para o leigo. Em cada seção, marquei dois de meus favoritos com asteriscos. Há também uma longa versão anotada desta lista em davidbodanis.com. Além deles há o fundamental *The Collected Papers of Albert Einstein* (Princeton, Princeton University Press, 1987-), agora com catorze volumes e crescendo.

Cartas, ensaios e citações

Albert Einstein-Michele Besso Correspondance, 1903-1955. Trad. e org. Pierre Speziali. Paris: Hermann, 1972.

*Born, Max. *The Born-Einstein Letters, 1916-1955: Friendship, Politics and Physics in Uncertain Times*. Trad. Irene Born. Londres: Macmillan, 2005. Publicado pela primeira vez em 1971.

Calaprice, Alice (org). *The Ultimate Quotable Einstein*. Princeton: Princeton University Press, 2011.

*Einstein, Albert. *Ideas and Opinions*. Londres: Folio Society, 2010.

Solovine, Maurice. *Albert Einstein: Letters to Solovine*. Nova York: Philosophical Library, 1987.

Biografias (autores que o conheceram)

*Frank, Philipp. *Einstein: His Life and Times*. Nova York: Da Capo Press, 2002. Publicado pela primeira vez em 1947.

*Hoffmann, Banesh. *Albert Einstein: Creator and Rebel*. Nova York: Viking, 1972.

Pais, Abraham. *Subtle Is the Lord: The Science and Life of Albert Einstein*. Nova York: Oxford University Press, 1982.

Seelig, Carl. *Albert Einstein: A Documentary Biography*. Londres: Staples Press, 1956.

Folsing, Albrecht. *Albert Einstein: A Biography*. Trad. e res. Ewald Osers. Nova York: Viking, 1997.

*Isaacson, Walter. *Einstein: His Life and Universe*. Nova York: Simon & Schuster, 2007.

*Neffe, Jurgen. *Einstein: A Biography*. Trad. Shelley Frisch. Nova York: Farrar, Straus and Giroux, 2007.

Renn, Jürgen. *Albert Einstein: Chief Engineer of the Universe*. Hoboken, N.J.: Wiley, 2006.

Reflexões e tópicos especiais

French, A.P. (org.). *Einstein: A Centenary Volume*. Cambridge, Mass.: Harvard University Press, 1979.

Galison, Peter. *Einstein's Clocks, Poincaré's Maps*. Nova York: Norton, 2003.

Gutfreund, Hanoch, e Renn, Jürgen. *The Road to Relativity: The History and Meaning of Einstein's "The Foundation of General Relativity"*. Princeton: Princeton University Press, 2015.

Holton, Gerald, e Elkana, Yehuda (orgs.). *Albert Einstein: Historical and Cultural Perspectives*. Mineola, N.Y.: Dover, 1997. Publicado pela primeira vez em 1982.

*Levenson, Thomas. *Einstein in Berlin*. Nova York: Bantam Books, 2003.

Miller, Arthur I. *Einstein, Picasso: Space, Time, and the Beauty That Causes Havoc*. Nova York: Basic Books, 2001.

*Schilpp, Paul Arthur. *Albert Einstein: Philosopher-Scientist*. LaSalle, Ill.: Open Court Press, 1949.

Stachel, John. *Einstein from "B" to "Z"*. Boston: Birkhäuser, 2002.

Stern, Fritz. *Einstein's German World*. Princeton: Princeton University Press, 1999.

Relatividade em particular

Einstein, Albert. *Relativity: The Special and the General Theory (A Popular Account)*. Trad. Robert W. Lawson. Nova York: Random House, 1995. Publicado pela primeira vez em 1916.

Ferreira, Pedro G. *The Perfect Theory: A Century of Geniuses and the Battle over General Relativity*. Nova York: Houghton Mifflin Harcourt, 2014.

*Geroch, Robert. *General Relativity, from A to B*. Chicago: University of Chicago Press, 1978.

*Susskind, Leonard. *General Relativity*. Curso online. The Theoretical Minimum, Stanford Continuing Studies. Disponível em: <theoreticalminimum.com/courses/general-relativity/2012/fall>.

Taylor, Edwin, e Wheeler, J. Archibald. *Spacetime Physics: Introduction to Special Relativity*. Nova York: W.H. Freeman, 1992.

Thorne, Kip. *Black Holes and Time Warps: Einstein's Outrageous Legacy*. Nova York: Norton, 1995.

Wald, Robert M. *Space, Time, and Gravity: The Theory of the Big Bang and Black Holes*. Chicago: University of Chicago Press, 1992.

Will, Clifford M. *Was Einstein Right?: Putting General Relativity to the Test*. Oxford: Oxford University Press, 1993.

Mecânica quântica

Fine, Arthur. *The Shaky Game: Einstein, Realism, and the Quantum Theory*. Chicago: University of Chicago Press, 1996.

Kuhn, Thomas S. *Black-Body Theory and the Quantum Discontinuity, 1894-1912*. Chicago: University of Chicago Press, 1978.

*McCormmach, Russell. *Night Thoughts of a Classical Physicist*. Cambridge, Mass.: Harvard University Press, 1982.

Polkinghorne, John. *Quantum Theory: A Very Short Introduction*. Nova York: Oxford University Press, 2002.

*Stone, A. Douglas. *Einstein and the Quantum: The Quest of the Valiant Swabian*. Princeton: Princeton University Press, 2013.

Outros atores

*Cassidy, David. *Uncertainty: The Life and Science of Werner Heisenberg*. Nova York: W.H. Freeman, 1992.

Halpern, Paul. *Einstein's Dice and Schrödinger's Cat: How Two Great Minds Battled Quantum Randomness to Create a Unified Theory of Physics*. Nova York: Basic Books, 2015.

Heilbron, John. *The Dilemmas of an Upright Man: Max Planck and the Fortunes of German Science*. Cambridge, Mass.: Harvard University Press, 2000. Publicado pela primeira vez em 1986.

Moore, Walter. *Schrödinger: Life and Thought*. Nova York: Cambridge University Press, 2015. Publicado pela primeira vez em 1989.

Pais, Abraham. *Niels Bohr's Times in Physics, Philosophy, and Polity*. Nova York: Oxford University Press, 1991.

*Rozental, Stefan (org.). *Niels Bohr: His Life and Work as Seen by His Friends and Colleagues*. Hoboken, N.J.: Wiley, 1967.

Astronomia

Christianson, Gale E. *Edwin Hubble: Mariner of the Nebulae*. Chicago: University of Chicago Press, 1995.

Douglas, Vibert. *The Life of Arthur Stanley Eddington*. Londres: Thomas Nelson, 1956.

Ferris, Timothy. *Coming of Age in the Milky Way*. Nova York: Perennial, 2003. Publicado pela primeira vez em 1988.

Johnson, George. *Miss Leavitt's Stars: The Untold Story of the Woman Who Discovered How to Measure the Universe*. Nova York: Norton, 2005.

Levenson, Thomas. *The Hunt for Vulcan... and How Albert Einstein Destroyed a Planet, Discovered Relativity, and Deciphered the Universe*. Nova York: Random House, 2015.

*Miller, Arthur I. *Empire of the Stars: Obsession, Friendship, and Betrayal in the Quest for Black Holes*. Nova York: Houghton Mifflin, 2005.

*Singh, Simon. *Big Bang: The Origin of the Universe*. Nova York: HarperCollins, 2004.

Créditos das fotos

As ilustrações nas páginas 72, 77, 78, 86, 88, 99, 101, 174, 255, 256, 257, 258 e 259 são de autoria de Michael Hirschl © 2016.

Fotos

p.7: Esther Bubley, The LIFE Images Collection/Getty Images
p.14: SPL/Science Source®
p.22: Besso Family, American Institute of Physics, Emilio Segrè Visual Archives
p.23: American Institute of Physics, Emilio Segrè Visual Archives/Science Source®
p.24: ullstein bild/Pictures from History
p.54: ullstein bild/AKG
p.57: From *Flatland: A Romance of Many Dimensions,* Edwin Abbott Abbott, 1884
p.58: From *Flatland: A Romance of Many Dimensions,* Edwin Abbott Abbott, 1884
p.94: Keystone-France/Getty Images
p.109: © UPPA/Photoshot
p.127: © Jiri Rezac
p.136: Sergey Konenkov, Sygma/Corbis
p.141: RIA Novosti/Science Source®
p.151: Harvard College Observatory/Science Source®
p.157: AP Images
p.161: Margaret Bourke-White, Time Life Pictures/Getty Images
p.164: SPL/Science Source®
p.168: Mondadori Portfolio/Getty Images
p.184: Albert Einstein, Courtesy of the University of New Hampshire
p.187: ullstein bild/Getty Images
p.193: ullstein bild/Rainer Binder
p.201: Francis Simon, American Institute of Physics, Emilio Segrè Visual Archives/ Science Source®
p.209: Science & Society Picture Library/Getty Images
p.217: American Institute of Physics, Emilio Segrè Visual Archives/Science Source®
p.224: Bettmann/Getty Images

Agradecimentos

Ao escrever o primeiro rascunho deste livro, tive a impressão de que as Musas estavam ditando a história, mas meus amigos – uns cínicos – pensaram que se as Musas a *estavam* de fato ditando, era curioso que ela incluísse tantas frases desajeitadas e ~~repetidas~~ repetições tediosas que tinham de ser consertadas, e Shanda Bahles, Richard Cohen, Tim Harford, Richard Pelletier, Gabrielle Walker, Patrick Walsh e Andrew Wright se apressaram com uma avidez um tanto perturbadora a fazer isso.

Enquanto eles ~~atacavam brutalmente~~ melhoravam gentilmente o manuscrito, Michael Hirschl preparou hábeis ilustrações para o texto principal, e Mark Noad fez o mesmo para o apêndice online. Em certo momento, quando um grande naco de texto editado desapareceu no éter, Carrie Plitt conseguiu maravilhosamente recriá-lo; Yuri da Apple Store da Regent Street em Londres ajudou quando o éter voltou a chamar. Arthur Miller e James Scargill salvaram-me de muitos erros (embora nenhum dos dois seja responsável por quaisquer outros que eu possa ter acrescentado subsequentemente). Em Nova York, Alexander Littlefield leu todo o manuscrito e, quando os prazos estavam terminando, fez um enorme número de melhoramentos com uma calma que era inspirador contemplar. Depois disso, o resto de sua equipe se uniu, e foi um prazer receber a ajuda deles: Beth Burleigh Fuller, Naomi Gibbs, Lori Glazer, Martha Kennedy, Stephanie Kim, Ayesha Mirza e – na distante New Hampshire – Barbara Jatkola, que copidescou a coisa toda. Em Londres, Tim Whiting forneceu excelentes conselhos e apoio, e devo agradecimentos também a Iain Hunt, Linda Silverman, Jack Smyth e Poppy Stimpson.

Uma geração de alunos de Oxford ajudou em minhas reflexões iniciais sobre este projeto, assistindo às palestras Intellectual Tool-Kit em que primeiro pus à prova várias ideias apresentadas aqui. Retornando a meados dos anos 1970, tive a honra de estudar sob a orientação de Chandrasekhar, que trabalhou com vários dos protagonistas desta história. (Ele era o jovem convidado sentado com Rutherford e Eddington no início do interlúdio 2.) Do final dos anos 1970, lembro com carinho uma longa tarde com Louis de Broglie em Paris, sua lembrança dos dias em que a mecânica quântica estava sendo criada ainda absolutamente clara.

Nada disso teria conduzido a este livro não fosse o fato extraordinário de, após passar muitos anos como pai solteiro, ter conhecido Claire. Quando lhe propus casamento – depois de esperar intermináveis oito dias desde nosso primeiro encontro –, ela pôs um dedo em meus lábios e então sussurrou: "É claro." Eu não fazia ideia de que a vida podia oferecer isso.

Eu andara desanimado demais para tentar este livro antes, mas com a confiança que isso me deu fui capaz de ir adiante. Depois que comecei, Mark Hurst mostrou-me habilmente como focalizar a história, ao passo que Floyd Woodrow, o mais inspirador dos homens, mostrou-me como permanecer focalizado.

À medida que eu me ocupava dos capítulos, meus filhos Sam e Sophie recebiam atualizações a intervalos semanais, às vezes diários, e uma vez (perdão, meninos) até de horas detalhando meu progresso. Sua confiança de que esta história precisava ser contada foi a mais estimulante das motivações.

Dediquei-o a Sam porque, quando ele era criança, e coisas importantes – presentes de aniversário ou novos jogos de computador – existiam longe demais no futuro para almas mortais esperarem, eu explicava que, se pudéssemos simplesmente entrar num foguete de Einstein, poderíamos chegar a essas datas futuras em apenas alguns minutos de nosso tempo. Eu gostava da maneira como ele confiava nisso. Se pessoas de fato conseguirem criar tais máquinas para nos acelerar através do tempo, serão membros da geração dele, não da minha. E se essa geração evitar a arrogância que destruiu Einstein, ficarei encantado.

Índice

Números de página em *itálico* indicam figuras e fotografias

1ª EDIÇÃO [2017] 4 reimpressões

ESTA OBRA FOI COMPOSTA POR MARI TABOADA EM DANTE PRO
E IMPRESSA EM OFSETE PELA GRÁFICA PAYM SOBRE PAPEL PÓLEN DA
SUZANO S.A. PARA A EDITORA SCHWARCZ EM JUNHO DE 2024

A marca FSC® é a garantia de que a madeira utilizada na fabricação do papel deste livro provém de florestas que foram gerenciadas de maneira ambientalmente correta, socialmente justa e economicamente viável, além de outras fontes de origem controlada.